校企合作环境艺术设计专业与室内设计专业精品教材

互联网＋教育改革＋课程思政新理念教材

室内人体工程学

SHINEI RENTIGONGCHENGXUE

主编　夏安文　程学四　陆　阳

江苏大学出版社
JIANGSU UNIVERSITY PRESS
镇　江

内容提要

本书从室内设计专业的角度介绍了人体工程学的基础知识，在阐述理论知识的同时，结合室内设计实际，做到理论与应用兼顾。全书共分为七章，内容包括：室内人体工程学概述、人体测量学与人体尺寸、室内环境中人体活动的因素、环境心理学与室内空间环境设计、人体工程学在家具设计中的应用、人体工程学在室内空间设计中的应用和人体工程学与无障碍设计。

本书既可作为环境艺术设计专业、室内设计专业等相关设计专业的教材，也可作为行业爱好者的自学辅导用书。

图书在版编目（CIP）数据

室内人体工程学 / 夏安文，程学四，陆阳主编. -- 镇江 : 江苏大学出版社，2019.8（2022.5重印）
ISBN 978-7-5684-0790-8

Ⅰ. ①室… Ⅱ. ①夏… ②程… ③陆… Ⅲ. ①室内装饰设计－工效学 Ⅳ. ①TU238

中国版本图书馆CIP数据核字(2019)第169357号

室内人体工程学
Shinei Renti Gongchengxue

主　　编 / 夏安文　程学四　陆　阳
责任编辑 / 王　晶
出版发行 / 江苏大学出版社
地　　址 / 江苏省镇江市梦溪园巷30号（邮编：212003）
电　　话 / 0511-84446464（传真）
网　　址 / http://press.ujs.edu.cn
排　　版 / 北京鑫益晖印刷有限公司
印　　刷 / 北京鑫益晖印刷有限公司
开　　本 / 880 mm×1 230 mm　1/16
印　　张 / 14.5
字　　数 / 285千字
版　　次 / 2019年8月第1版
印　　次 / 2022年5月第4次印刷
书　　号 / ISBN 978-7-5684-0790-8
定　　价 / 58.00元

如有印装质量问题请与本社营销部联系（电话：0511-84440882）

前言 PREFACE

人体工程学是一门多学科交叉的新兴学科，随着时代的发展，其研究成果在人们生活、工作等领域均有大量应用。

近年来，人体工程学在室内设计领域的应用与发展非常迅速，其“以人为本”的设计思想得到了越来越广泛的应用，可以说，该思想已成为许多设计师或设计企业增强核心竞争力的关键。因此，在现代室内设计中，无论是人们生活的居住空间、日常工作的办公空间，还是休闲娱乐的商业空间、餐饮空间等，都要充分考虑各项设计是否符合人体工程学知识的要求，以及室内环境对人的生理、心理等方面的影响，做到“人—机—环境”相互协调，从而更好地为人们的生活、办公、休闲及娱乐等服务。

本书从室内设计专业的角度介绍了人体工程学的基础知识，在阐述理论知识的同时，结合室内设计实际，做到理论与应用兼顾。全书共分为七章，内容包括：室内人体工程学概述、人体测量学与人体尺寸、室内环境中人体活动的因素、环境心理学与室内空间环境设计、人体工程学在家具设计中的应用、人体工程学在室内空间设计中的应用和人体工程学与无障碍设计。

整体而言，本书具有以下特点：

（1）融入思政，同向同行。通过精心设置案例分析、版块，将习近平新时代中国特色社会主义思想、文化自信、工匠精神、创新精神、“以人为本”设计思想等巧妙地融入课程之中，可以起到“润物细无声”的教育效果。

（2）校企合作，实用性强。本教材在内容、体例等方面的设计充分考虑教学大纲与企业的现实需求，紧密围绕岗位需求“量身定做”相关内容，注重实用性与针对性，使教材的职业属性有所提升；内容深入浅出，介绍人体工程学基本知识的同时，也详细介绍人体工程学在室内设计中的应用，做到兼顾理论与岗位实际，具有广泛的实用价值与较强的指导性。

（3）全新理念，活跃课堂。本教材的内容设计遵循“以学生为主体，以教师为主导，以能力为根本”的教育理念，结构编排合理，让学生在做中学，在学中做，提高学生的学习兴趣和主动性，从而真正让学生做到学以致用。此外，教材中还配备了丰富的微课资源，学生借助手机或其他移动设备扫描二维码，即可欣赏精彩的室内设计案例。

（4）平台支撑，资源丰富。本教材与我们研发的一款集教学管理、教学支撑于一体的综合教育平台“文旌课堂”（www.wenjingketang.com）充分绑定，以便于学生自学、教师教学和学校管理，即学生可借助该平台提交作业、进行线上练习、参加考试、阅读课外资源，教师可借助该平台布置作业、组织考试、管理各种教学资源（如教学课件、微课视频等），学校可借助该平台管理本校课程等。

（5）理论精讲，案例丰富。本教材强调实用性，因此对各种理论知识尽量做到少讲、精讲。“案例欣赏”“设计实例”等版块选取的案例都贴近职业岗位，较为典型、新颖，做到案例与理论知识相对应、与实践相结合，有助于学生结合案例来强化对理论知识的理解与应用。

（6）模块丰富，内容充实。本教材在每章内容讲解前设置了“学习目标”“学习要点”“思政目标”模块，有助于学生自学与教师授课，培养正确的思想意识；正文适时插入“设计实例”“案例欣赏”“提示”“拓展阅读”等模块，既有利于拓宽学生知识面，帮助学生理解教学内容，又丰富了课堂体验；章后设有思考题，可用于检测学生对本章内容的理解程度，查漏补缺，以便学生扎实掌握课程内容。此外，每章末尾设有“自信中国”模块，帮助学生树立文化自信，内容兼顾思想性、趣味性与可读性。

（7）图文并茂，版式美观。教材中穿插大量精彩图片与设计实例，用图文结合的方式带领学生学习知识，领略室内设计的魅力；版式设计充分考虑内容特色，整体版面简洁大方，富有艺术感。

本书由夏安文、程学四、陆阳担任主编，由李国瑞、吕宙、陈旺、陈永红、韩江南、姜婧担任副主编。在编写过程中，我们参考了大量的文献资料，在此向这些文献资料的作者表示诚挚的谢意！由于编者水平有限，书中难免存在疏漏与不当之处，敬请广大读者批评指正。

本书编委会

主　编　夏安文　程学四　陆　阳

副主编　李国瑞　吕　宙　陈　旺

　　　　陈永红　韩江南　姜　婧

目录 CONTENTS

目录 CONTENTS

目录 CONTENTS

目录 CONTENTS

第一章 室内人体工程学概述

学习目标

1. 了解人体工程学的基本概念。
2. 熟悉人体工程学研究的主要内容。
3. 掌握人体工程学与室内设计的关系。

思政目标

1. 激发学科兴趣及对专业的热爱。
2. 培养严准绳、守规范的意识。
3. 培养关注人的意识和以人为本的设计价值观。

学习要点

1. 明确人体工程学在室内设计中的作用。
2. 掌握人体工程学主要内容。

第一节 人体工程学的基本概念

室内人体工程学的定义及作用

一、人体工程学的定义与命名

（一）人体工程学的定义

国际人体工程学协会（International Ergonomics Association，简称IEA）把人体工程学定义为：人体工程学是一门“研究人在某种工作环境中的解剖学、生理学和心理学等方面的各种因素；研究人和机器及环境的相互作用；研究人在工作中、家庭生活中和休假时怎样统一考虑工作效率、人的健康、安全和舒适等问题的学科”。

为了进一步说明上述定义，下面对定义中提到的几个概念作以下解释。

（1）人。在人体工程学三个要素中，“人”是指作业者或使用者，包括人的心理特征、生理特征及人适应机器和环境的能力等内容。

（2）机。“机”是指机器，包括人操作和使用的一切产品和工程系统。在室内设计中，“机”主要指各类家具及与人关系密切的建筑构件，如门、窗、栏杆等。

(3) 环境。"环境"是指人们工作和生活的环境。在室内设计中，"环境"主要指照明、噪声等环境因素。

(4) 系统。"系统"是人体工程学中最重要的概念和思想。即人体工程学要求从系统的总体高度，将"人—机—环境"看成一个相互作用、相互依存的整体系统。

(二) 人体工程学的命名

人体工程学（Ergonomics）是第二次世界大战后发展起来的一门新的边缘性学科。作为边缘学科，人体工程学具有边缘学科共有的特点，如学科命名多样化、学科内容综合性强、学科应用范围广泛等。

该学科在国内外的研究方向不同，因而产生了很多不同或意义相近的名称。目前，该学科在国内外还没有统一的名称。在美国称为"Human Engineering（人体工程学）"或"Human Factors Engineering（人体因素工程学）"；在欧洲等国家大多称为"Human Conditioning（人体状态学）"。在我国，目前普遍采用"人体工程学"这一名称。

提　示

"Ergonomics"一词由希腊词根"ergon（工作）"和"nomoi（自然法则、规律）"复合而成，其本义为人的劳动规范。

二、人体工程学的起源与发展

(一) 人体工程学的起源

人体工程学作为一门学科，有着悠久的历史渊源。人类自从出现以来，就以不同的形式追求着自身的舒适和安全，不断地改进着自己的生活质量和生产效能。

人类从制造工具时起，就开始研究"如何使用工具"及"工具怎样才能适合人们使用"等问题。早在新石器时代，人类就懂得如何选择石块并将其制成可供敲、砸、刮、割的各种工具（见图1-1），懂得如何选择适合自己生活的场所。此后，人们为了扩展自己的工作能力和提高自己的生活水平，便不断地发明和研制各种工具供自己使用。在人们不断创造和劳动过程中，人体工程学思想不断呈现出来。可以说，人体工程学萌芽于古代。

例如，我国明代家具不仅造型简洁优美，而且在家具与人体接触部位做了人性化设计。其中最具有特色的是明代的官帽椅，其椅子靠背的"S"形曲线设计，正好与人体脊柱形状相适应，给人以良好的背部支撑。另外，其椅背前缘、扶手等处都进行了圆滑处理，从而给人以较好的触觉感受，如图1-2所示。

图1-1　石器工具

图1-2　明代官帽椅

虽然人类在自身的发展过程中，自觉或不自觉地运用着人体工程学的原理，但是人体工程学作为一门系统的、独立的学科，历史却很短，它是近代工业革命发展的产物。随着工业革命的发展，现代科学与技术高速发展，社会不断复杂化，现代文明除了带给人类安全与舒适之外，还产生了诸多负面效应。例如，高速的现代化交通缩短了我们的时空距离，给我们带来了高效和便捷，但同时也带来了交通事故和环境污染。因此，健康、安全、舒适的工作生活环境逐渐成为人们共同关注的问题，如何协调“人—机—环境”之间的关系问题，成为现代科学技术发展中的重要内容。人体工程学正是研究这一问题的边缘学科。该学科在第二次世界大战后，迅速渗透到人类生活与工作的各个领域。

（二）人体工程学的发展阶段

1. 人适应机器阶段

从19世纪末到第二次世界大战之前，人机关系的主要研究思路是如何充分利用人体机能、使之适应于机器，重点集中于选择、培训人员和改善劳动环境、减轻疲劳等方面。随着现代工业生产的开展，人体工程学作为一门专业科学逐渐形成。20世纪初，美国学者泰罗（F. W. Taylor）在传统的管理基础上，对劳动时间和工作方法进行了研究，首创了新的科学理论和一整套以提高工作效率为目的的管理方法，被称为“泰罗制”，这是从理论上对人体工程学进行归纳研究的开始。

1914年，第一次世界大战爆发，战争造成的供需矛盾进一步激发了对工作效率研究的社会需求，促使国家力量参与到工程学的研究中来，工作疲劳和工作效率及如何发挥人在战争中的有效作用问题成了当时的主要研究内容。

1915年，英国成立军火工人保健委员会，研究生产工人的疲劳问题。在战后，该组织更名为“工业保健研究部”，进一步研究作业姿势、负担极限、男女工体能、作息时间、工作环境、光照等问题。随后，德国、苏联和日本也相继成立了工业心理研究所、劳动科学研究所和工业效率研究所。

2. 机器适应人的阶段

第二次世界大战期间，由于战争的需要，许多国家大力发展效能高、威力大的新式武器和装备，期望以技术的优势来决定战争的胜败。但由于片面注重新式武器与装备的功能研究，而忽略了使用者的能力与极限，使得机器性能与使用者的能力之间出现了矛盾，从而在实际运用过程中暴露出一系列问题，导致意外事故频频发生。其中以歼击机、战斗机最为典型。失败的教训引起了决策者和设计者的高度重视，并逐步认识到“人的因素”在机械设计中的重要性。因此，在这之后，人体工程学的研究主题由“人适应机器”变成了“如何使机器适应人”。

在战争期间，为了使所设计的机械武器装备能够符合使用者的生理特点，设计工程师们不得不把解剖学家、生理学家和心理学家请来，共同为设计使用方便的武器装备出谋划策，于是在军事领域中开展了机械设计与相关学科的综合研究和实际试验。这种多学科的综合研究初步构建了人体工程学的基本框架，于是现代人体工程学应运而生。

人体工程学这一阶段一直延续到20世纪50年代末，在其发展的后一阶段，由于战争的结束，该学科的综合研究与应用逐渐从军事领域向非军事领域发展，军事领域中的研究成果被用来解决工业与工程设计中的问题，如飞机、汽车、建筑设施、机械设备及生活用品等，逐步在工业与工程设计领域形成了以人为中心的设计理念。

3. 人—机—环境互相协调的阶段

20世纪60年代以后，欧美各国进入了大规模的经济发展时期，在这一时期，由于科学技术的进步，人体工程学获得了更多的发展机会。但随着人体工程学研究和应用领域的不断扩大，仅停留在“人—机”之间关系的研究已远远不能满足现代社会的需求，于是人体工程学进入了一个新的发展阶段，即将“人—机—环境”视为一个系统，结合各种学科的知识、条件和要求以整体优化系统。这一阶段的研究中心是“人—机”相互适应，“人—机—环境”系统协调发展。

在这一阶段，人体工程学得到了迅速发展并在很多领域得到广泛应用，从而引起了各学科专家、学者的关注。1961年，国际人体工程学协会（IEA）正式成立，有力地推动了该学科不断向纵深发展。IEA在其会刊中指出，这一阶段的人体工程学发展有以下三个特点。

（1）着眼于机器装备的设计，使机器的操作范围不越出人类的能力界限之外。

（2）进行广泛的实验性研究，尽可能利用所掌握的基本原理，进行具体的机械设备设计。

（3）力求使心理学、生理学等学科的专家与物理学、数学、工程学方面的研究人员共同努力、密切合作。

总之，在“人—机—环境”互相协调阶段，人体工程学研究的方向是：把“人—机—环境”系统作为一个统一的整体来研究，以创造最适合于人工作的机械设备和作业环境，使“人—机—环境”系统相互协调，从而使系统获得最高的综合效能。

第二节

室内人体工程学研究的内容与方法

一、室内人体工程学研究的主要内容

室内人体工程学是人体工程学与室内设计的结合，它主要研究如何以人为中心，通过合理设计家具、厨具等尺寸，给人提供一个安全、舒适的室内环境。与人体工程学类似，室内人体工程学同样也是以“人—机—环境”作为研究的基本对象，通过揭示三者之间的相互关系与规律以确保整个室内环境的最优化。

（一）“人”因素

“人”在“人—机”系统中是最为关键的要素，人的生理、心理特性和能力限度是“人—机—环境”系统最优化的基础。作为研究主体的人，既是自然的人，又是社会的人。对于自然的人，主要研究人的形态体征、人的感知特性等；对于社会的人，主要研究人在生活中的行为习性、人的心理等。

“人”因素的研究内容主要包括：人体尺寸；个人差异；运动能力；对环境的感受性；知觉与感觉能力；环境对人体能的影响；人的习惯等。

（二）“机”因素

这部分内容主要研究如何让家具、厨具及各种用具适应人的问题。

（三）环境因素

这部分内容主要研究如何通过合理设计室内各空间安排及各空间尺寸，合理设计室内照明，合理控制室内温度与湿度等，解决如何让环境适应人的问题。

精彩案例

米兰新兴住宅公寓楼群

该公寓群容纳了230套豪华公寓，小区中的线性造型建筑自由穿梭在底层的公共花园中，同时也给当地带来了不一样的蜿蜒天际线。

该公寓连续流动的外立面上分布着阳台与露台，将室外空间与室内私人空间划分开，如

图1-3a所示。图1-3b中，室内采用落地窗的装修风格，增大室内受光面。同时，落地窗使用隔温、隔热的双层玻璃，既不影响室内光照，又控制了室内温度。室内家具陈设合理，符合人的行为习惯。家具的设计安全、实用、舒适，符合人体生理、心理尺度及人体各部分的活动规律。

（a）　　（b）

图1-3　米兰新兴住宅公寓楼群

二、室内人体工程学的研究方法

室内人体工程学常用的研究方法有实测法、观察法、实验法、系统分析法和调查法等。

（一）实测法

实测法是一种借助于仪器设备进行实际测量的方法，其主要包括对人体尺寸的测量、人体生理参数的测量及环境参数的测量等。

人体尺寸的测量主要包括人体形态测量和运动测量。其中，形态测量主要测量人体的长度尺寸、体型、体积及体表面积等；运动测量主要测量关节的活动范围和肢体的活动空间，如动作范围、动作过程、形体变化等。人体生理参数的测量是指对人体生理指标的测量，如心率、呼吸、血压、肌电图等。

（二）观察法

观察法是指通过观察进行研究的方法。例如，人作业动作的分析、设备功能分析等大都采用观察法。

（三）实验法

实验法是指在实验室、作业现场进行研究的方法。例如，在设计师需要了解色彩环境对人的心理、生理的影响时，通常会在作业现场进行。

案例赏析

WINK躺椅（见图1-5）诞生于1980年，由工业设计师喜多俊之设计。椅子的结构设计更多地考虑了人体的需求，腿部可以选择弯曲或伸展。此外，椅子的头部也可以根据人们的颈部形状自由调节角度，坐起来更加舒适。椅子外部的椅套缤纷多彩，可以随意搭配，拆洗也很方便。这款设计被纽约当代美术博物馆、巴黎蓬皮杜艺术中心、德国威尔城Vitra设计博物馆、德国汉堡美术工艺博物馆永久收藏。

图1-5　WINK躺椅

又如，床的设计应符合人体的基本尺寸和睡觉所需的活动尺寸，如图1-6所示。

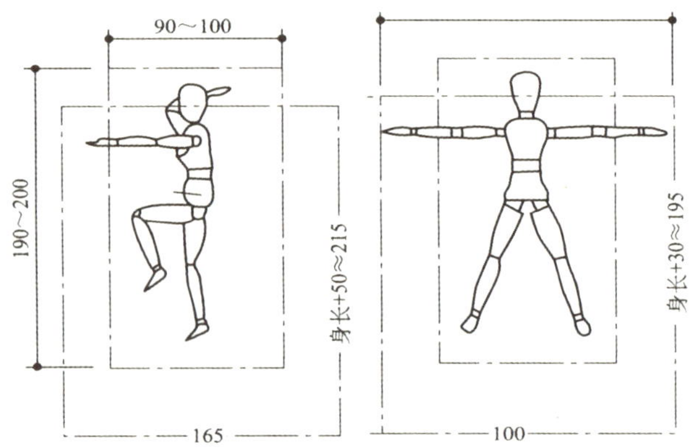

图1-6　人体与床的尺寸关系（单位：cm）

三、为确定人的感觉器官对环境的适应能力提供依据

人体工程学可以为确定感觉器官的适应能力提供依据。人的感觉器官在什么情况下能够感觉到刺激物，什么样的刺激物是可以接受的，什么样的刺激物是不能接受的，这是室内人体工程学要研究的一个课题。

首先，借助人体工程学所提供的光、声、热、舒适度等物理数据，可以使设计者进行各种功能空间的设计，并对各种空间的装饰材料进行恰当选择，从而使室内空间环境符合人的生理及心理要求。

其次，人体工程学对感觉要素的计测（计算与测量）为室内环境设计提供了科学依据。其中，感觉要素包括视觉、听觉、触觉等。例如，人眼的视力、视野、光觉、色觉都是视觉的要素，人体工程学通过计测得到的数据，为室内照明设计、室内色彩设计、视觉最佳区域设计等提供了科学依据。

例如，在图1-7中，展示柜与展板的尺寸就主要是以人眼的视觉要素计测为依据的。又如，在室内空间中，音量为30～40 dB是较为理想的安静环境；音量为70 dB时会干扰谈话，影响工作效率；而长期生活在音量为90 dB以上的噪音环境中，听力则会受到严重影响并产生神经衰弱、头疼、高血压等疾病。

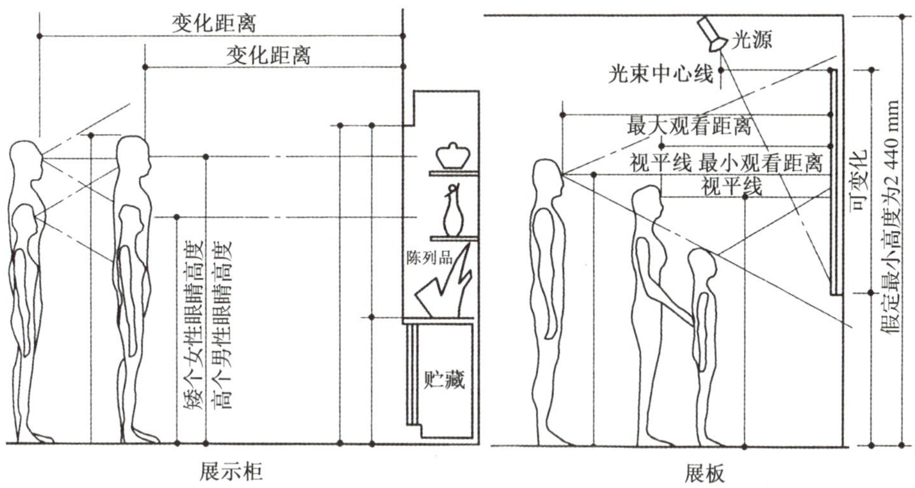

图1-7 展示柜与展板尺寸

思考题

1. 简述人体工程学研究的主要内容。
2. 人体工程学在室内设计中的作用主要体现在哪些方面？请举例分析。

自信中国

中国古代设计宝典——《考工记》

《考工记》是中国春秋战国时期记述官营手工业各工种规范和制造工艺的专著，除了各种手工生产的设计要求、制作工艺之外，还将其中所包含的力学、声学、热学等科学原理一一做了较为详细的阐释，如图1-8所示。书中有兵器宜人性的论述，也就是说，器物制作要与人的因素相适应，如要根据弓箭手的性格来配备弓箭，性格温和、行动迟缓的人要配强劲急疾的硬弓，暴躁性急、行动快猛的人要配柔韧的软弓。

《考工记》还开始将器物从形（尺寸、重量、体积、角度）的角度发展到整个技术领域对于器物的型的追求上。例如，从功能出发，要求不同的车配不同的车轮，兵车的车轮是六尺六寸，利于战士作战，而田车的车轮高六尺三寸，能更有效地发挥牛的力量。

由此可见，那时虽然没有人体工程学，但是中国先人已经自觉或不自觉地运用着相关原理，书中处处体现着中国传统的人体工程学思想。

《考工记》不仅是一部反映当时科学技术和工艺技术发展的技术典籍，更是后来中国手工业制作艺术的理论宝典，在中国科技史、工艺美术史和文化史上都占有重要地位，在当时的世界上也是独一无二的。

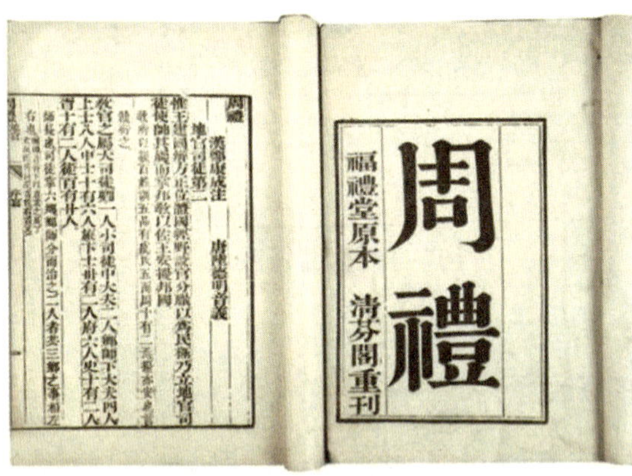

图1-8 《考工记》部分内文

第二章

人体测量学与人体尺寸

学习目标

1. 了解人体测量学的概况、内容、测量工具与方法。
2. 熟悉人体测量数据的统计处理方法。
3. 熟悉人体尺寸的分类。
4. 能够在室内设计中合理运用人体尺寸。

思政目标

1. 培养科学思维，掌握科学的人体测量学。
2. 树立产品设计要符合中国人体尺寸标准的意识，要有民族自信与使命感。
3. 用知识武装头脑，创造更多舒适、实用的产品，服务社会。

学习要点

1. 熟悉人体测量数据统计处理常见的几个主要数值。
2. 熟悉人体尺寸知识并掌握常用人体尺寸在设计中的应用。

第一节

人体测量与人体测量数据的应用

一、人体测量学概况

（一）人体测量学的由来与发展

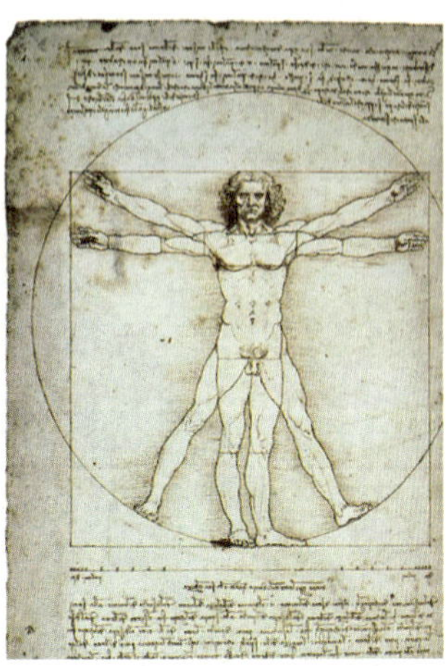

图2-1　人体比例图

人体测量学是指用测量方法研究人体特征，通过测量人体各部位的尺寸来确定个体之间和群体之间在人体尺寸上差异的一人体测量学是一门新兴的学科，但具有古老的渊源。早在公元前1世纪，罗马建筑师维特鲁威（Vitruvius）就已从建筑学的角度对人体尺寸作了较全面的论述，并发现人体若以肚脐为中心，一个男性挺直身体，两手侧向平伸的长度恰好是其身高，双手和双足的指尖正好在以肚脐为圆心的圆周上。文艺复兴时期，意大利著名画家达芬奇根据维特鲁威的这一描述，绘制了著名的人体比例图，如图2-1所示。

最早为人体测量学学科命名的是比利时的数学家奎特莱特（Quitlet），他于1870年出版了《人体测量学》一书，并创建了这门学科。1940年，为了适应工业发展的需要，人们迫切需要人体测量学的知识和数据，至此，这门学科才开始从理论进入到应用。第二次世界大战期间，航空和军工产品的生产对人体尺寸提出了更高的要求，因而推动了人体测量学在航空和军事工业中的应用。

此后，人体测量学的成果在工业产品设计中，以及人们日常生活和工作环境中得到了更加广泛的推广与应用。

（二）人体测量数据的来源

人体测量学发展到今天已积累了大量的数据。在我国，进行室内设计时所依据的人体测量数据来源主要有以下几个：1962年中国建筑科学研究院发表的《人体尺度的研究》；1988年颁布的GB 10000—88《中国成年人人体尺寸》；1991年颁布的GB/T 12985—91《在产品设计中应用人体尺寸百分位数的通则》；1992年颁布的GB/T 13547—92《工作空间人体尺寸》等国家标准。

二、人体测量学的内容

人体测量学以人体测量学和与之密切相关的生物力学、心理学等为主，并综合了多种学科的研究成果，其主要包括以下几方面。

（1）形态测量。主要测量人的尺寸、体型、体积等。

（2）生理测量。主要测量人的生理现象，如疲劳感、触觉感、人体力度范围等。

（3）运动测量。主要测量人的活动范围与肢体的活动空间范围等，如动作范围、动作过程、形体变化等。

三、人体测量的主要工具与方法

（一）人体测量的工具

国家标准GB/T 5704—2008《人体测量仪器》中规定的人体测量工具主要有人体测高仪及人体测量用直角规、弯角规、三角平行规、角度计、软卷尺、磅秤等。下面主要介绍人体测高仪及人体测量用直角规和弯角规。

1. 人体测高仪

人体测高仪（见图2-2）是用来测量人身体各侧点与标准参照面（如地面或坐面等）之间直线距离的专用工具。可用它测量人体身高、坐高，以及在立姿、坐姿状态下的眼高、肩高、肘高及伸手向上所及的高度等。

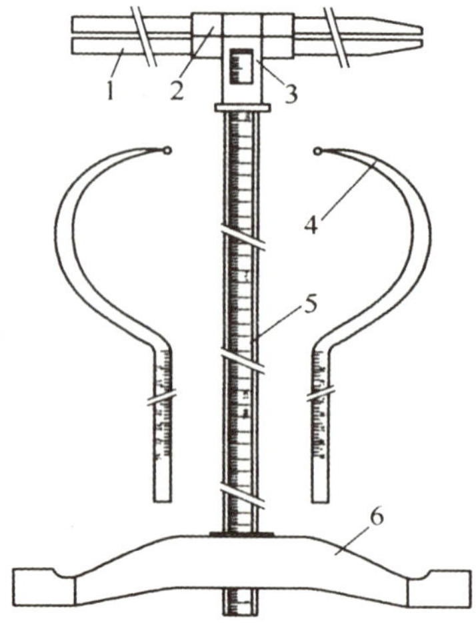

1—直尺；2—固定尺座；3—活动尺座；4—弯尺；5—主尺杆；6—底座。

图2-2　人体测高仪

提　示

由于这种测高仪已基本淘汰，故此处不再详述其用法。目前使用的测高仪大多都是电子式，使用更加方便，数据测量更加精确，而且可以测量更多数据。

2．直角规

直角规（见图2-3）主要用来测量两点间的直线距离，适宜测量距离较短的不规则部位的长宽或直径，如人体五官的长宽或直径。

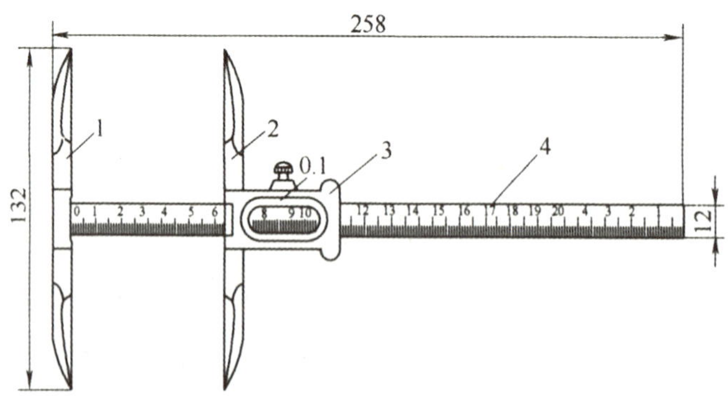

1—固定直脚；2—活动直脚；3—尺框；4—主尺。

图2-3　直角规

3．弯角规

弯角规（见图2-4）主要用于测量不能直接使用直尺测量的两点间距离。例如，测量骨骼尺寸、胸部厚度等。

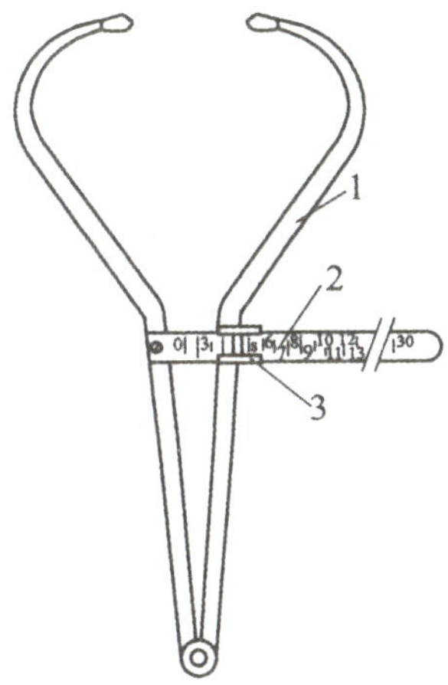

1—弯脚；2—主尺；3—尺框。

图2-4　人体测量用弯角规

（二）人体测量的方法

人体测量的方法主要有以下四种：丈量法、摄像法、问卷法和三维数学测量法。

1．丈量法

丈量法是指用人体测量仪器来测量人体构造尺寸的方法。例如，用测高仪测量人的身高、坐高等；用直尺、卷尺测量人体的细部构造尺寸；用磅秤测量体重；用拉力器测量人体推拉力。

2．摄像法

由于人体功能尺寸常随着人体姿势而变化，故一般丈量法难以测得较为精准的数据。因此，人们常通过照相机或摄像机作投影来测量数据。

图2-5为使用摄像法测量人体功能尺寸的示意图。图2-5a是带有光源的投影板，板上刻有10 cm×10 cm的方格，每一方格又分成1 cm×1 cm的小方格。图2-5b是照相机或摄像机，当照相机或摄像机与投影板间的距离L为被测试者高度10倍以上时，投射光线可粗略视为平行线，即可拍摄被测试者在投影板上的各种姿态，从投影板的方格数上可得知其各种功能尺寸。如果要求人体功能尺寸比较精确，可根据被测试者与投影板的间距，算得修正系数（其数值＜1），然后将投影板上的尺寸乘以修正系数。

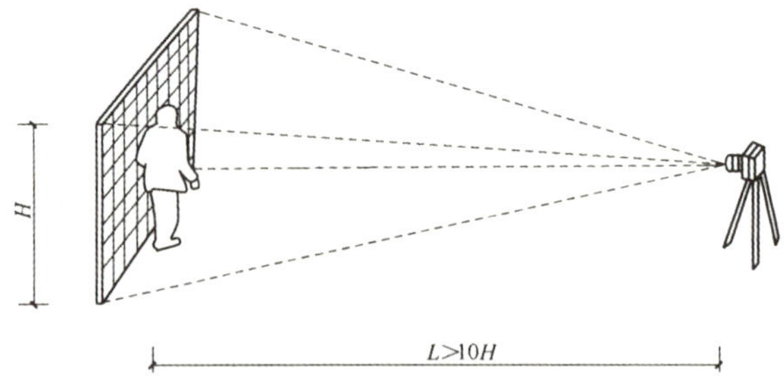

图2-5 摄像法测量

设计实例

王先生是一名图书爱好者，喜欢收藏各种版本的书籍。因此王先生想在自己的书房为自己定做一个书柜。一般情况下，我们踮起脚取高处物品时往往无法平稳维持一段时间，因此，设计师小李采用摄像法，测量了王先生多次踮起脚且手臂垂直向上时的高度，根据每一次投影板上的尺寸计算出王先生在踮脚时可够到的最大尺寸，为王先生量身定做了一个符合王先生功能尺寸的书柜。

3. 问卷法

在人们日常生活中，舒适感属于个人的主观评价，故此时，可以采用问卷法，测得“舒适”的人体功能尺寸。虽然功能尺寸的测得结果是一个变化值，但存在一个阈限，这个阈限就是室内设计的参考数值。

例如，要测量椅子坐面与椅背的夹角对被测试者的影响，我们可以通过调节人脚的搁置高度和椅子坐面与椅背的夹角大小，了解被测试者对椅子舒适度的感觉或评价，从而为不同功能要求的椅子测得坐面与椅背的合适夹角，供椅子设计人员参考。

提 示

阈限（Liminality）一词源自拉丁文“limen”（英语threshold，意思是极限），指外界引起有机体感觉的最小刺激量。这个定义揭示了人感觉系统的一种特性，那就是只有刺激达到一定量的时候才会引起感觉。例如，疼痛的范围为x～y，x即为阈值下限，y即为阈值上限。

4. 三维数学测量法

三维数学测量法是指利用电脑3D全身扫描系统技术（见图2-6），对人体的各项尺寸进行精密的测量，从而为后期的设计工作提供科学的数据依据。三维数学测量法是目前人体测量方法中最精确的方法。

图2-6　3D全身扫描系统

四、人体测量数据的统计处理

在人体测量中，被测试者通常是一个特定群体中少量的个体，因此，测得的数值只是一组随机值，并不能作为可直接使用的设计值。为了获得设计所需的群体典型尺寸，必须对测量值进行统计处理，以便反映该群体的特征。

在对人体测量数据进行统计处理时，通常会计算出如下几个主要数值，以供人们在进行各种设计时参考。

（一）平均值

平均值简称均值，是指样本数据集中趋向于某一个数值。例如，有n个样本测量值（x_1，x_2，x_3，…，x_n），则其平均值$\bar{x}$为：

$$\bar{x}=\frac{x_1+x_2+\cdots+x_n}{n}=\frac{1}{n}\sum_{i=1}^{n}x_i$$

式中：

$\bar{x}$——均值；

n——样本容量；

x_i——第i个样本的测量值。

（二）样本方差

样本方差用来描述样本值在平均值上下波动的程度。其计算公式为：

$$S^2=\frac{1}{n-1}\sum_{i=1}^{n}(x_i-\overline{x})^2$$

式中：

S^2——样本方差；

$\overline{x}$——均值；

n——样本容量；

x_i——第i个样本的测量值。

（三）标准差

标准差即方差的平方根，是用来描述样本值相对于平均值上下波动情况的参考值。其计算公式为：

$$S_D=\sqrt{\frac{\sum_{i=1}^{n}(x_i-\overline{x})^2}{n-1}}$$

式中：

S_D——标准差。

【例2-1】一组学生的体重数据为50 kg、55 kg、48 kg、49 kg、58 kg、50 kg、56 kg、50 kg、42 kg、48 kg，那么，这组学生体重的平均值、样本方差和标准差分别是多少？（精确到0.01）

【解】

$$平均值=\frac{1}{10}(50+55+48+49+58+50+56+50+42+48)=50.6$$

$$样本方差=\frac{1}{9}\begin{bmatrix}(50-50.6)^2+(55-50.6)^2+(48-50.6)^2+(49-50.6)^2+(58-50.6)^2\\+(50-50.6)^2+(56-50.6)^2+(50-50.6)^2+(42-50.6)^2+(48-50.6)^2\end{bmatrix}=21.6$$

$$标准差=\sqrt{21.6}\approx4.65$$

课堂互动

> 一组学生的体重分别为45 kg、51 kg、49 kg、49 kg、44 kg、55 kg、53 kg，那么，这组学生体重的平均值和样本方差分别是多少？

（四）百分位

百分位是指某一人体尺寸和小于该人体尺寸的人占所统计对象总人数的百分比。一个百分位数将群体或样本的全部测量值分为两部分，有K%的测量值等于和小于它，有（100−K）%的测量值大于它。

在室内设计中，常用的百分位有第5百分位、第50百分位和第95百分位。以身高为例，第5

百分位的人体尺寸表示有5%的人身高等于或小于这个尺寸；第95百分位则表示有95%的人身高等于或小于这个尺寸；第50百分位则为适中的身高。

关于百分位的概念，需要注意以下两点：① 人体测量中的每一个百分位数值，只表示某一项人体尺寸，如身高、肩宽等；② 一个人的各种人体尺寸数值一般不可能都处于同一百分位上。

想一想

对于设计“够得着的距离”时，一般选用多少百分位上的尺寸？

第二节

人体尺寸

一、人体尺寸的分类

人体尺寸可分为两类，即人体结构尺寸和人体功能尺寸。

（一）人体结构尺寸

人体结构尺寸是指人体处于固定的标准状态下时所测得的静态尺寸。静止的人体可有不同的姿势（统称为静态姿势），它主要包括立姿、坐姿、跪姿与卧姿四种基本形态。人体静态尺寸对设计与人体有直接密切关系的物品有较大影响，如家具、服装、手动工具等。

在室内设计中应用最多的人体结构尺寸有：身高、眼高、肘高、两肘宽度、肩宽、坐高、坐深、坐姿肩高、坐姿臀宽、坐姿膝高、坐姿大腿厚度、臀间距、垂直手握高度等。

1. 我国成年人人体尺寸

我国于1988年12月10日发布了GB 10000—88《中国成年人人体尺寸》，该标准于1989年7月开始实施，提供了我国成年人人体尺寸的基本数据。该标准共列出47项人体尺寸基础数据，其中人体主要尺寸6项、立姿人体尺寸6项、坐姿人体尺寸11项、人体水平尺寸10项、人体头部尺寸7项、人体手部尺寸5项、人体足部尺寸2项。

（1）人体主要尺寸

人体主要尺寸包括身高、体重、上臂长、前臂长、大腿长、小腿长这6项，除体重外，其他5项人体主要尺寸的部位如图2-7所示。表2-1所列数据为我国成年人人体主要尺寸。

表2-1 中国成年人人体主要尺寸

单位：mm

测量项目 \ 百分位数 \ 分组	男（18～60岁）			女（18～55岁）		
	5	50	95	5	50	95
1．身高	1 583	1 678	1 775	1 484	1 570	1 659
2．体重（kg）	48	59	75	42	52	66
3．上臂长	289	313	338	262	284	308
4．前臂长	216	237	258	193	213	234
5．大腿长	428	465	505	402	438	476
6．小腿长	338	369	403	313	344	376

（2）立姿人体尺寸

立姿是指人挺胸直立，头部以眼耳平面定位，眼睛平视前方，肩部放松，上肢自然下垂，手伸直，手掌朝向体侧，手指轻贴大腿侧面并自然伸直，左、右足后跟并拢，足前端分开，使两足大致呈45°，身体重心均匀分布于两足。

立姿人体尺寸包括眼高、肩高、肘高、手功能高、会阴高、胫骨点高这6项，如图2-8所示。表2-2所列数据为我国成年人立姿人体尺寸。

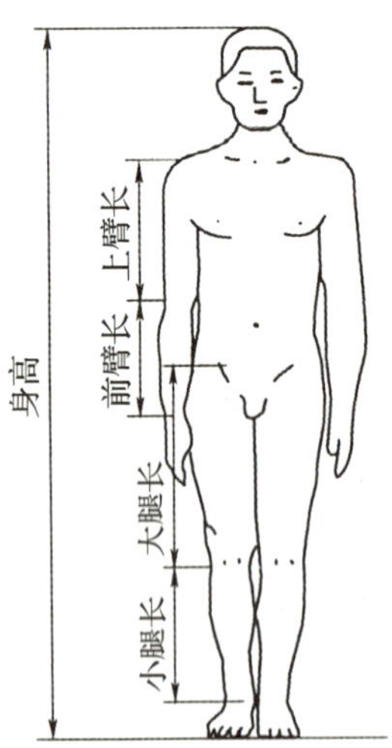

图2-7 人体主要尺寸

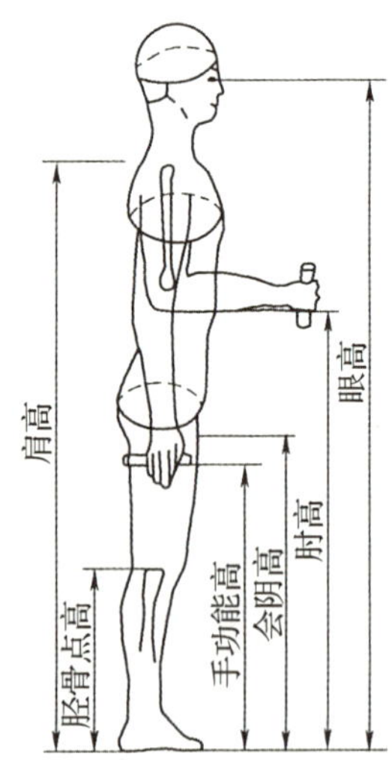

图2-8 立姿人体尺寸

表2-2　中国成年人立姿人体尺寸

单位：mm

测量项目 \ 百分位数 \ 分组	男（18～60岁）			女（18～55岁）		
	5	50	95	5	50	95
1. 眼高	1 474	1 568	1 664	1 371	1 454	1 541
2. 肩高	1 281	1 367	1 455	1 195	1 271	1 350
3. 肘高	954	1 024	1 096	899	960	1 023
4. 手功能高	680	741	801	650	704	757
5. 会阴高	728	790	856	673	732	792
6. 胫骨点高	409	444	481	377	410	444

（3）坐姿人体尺寸

坐姿是指人挺胸坐在被调节到腓骨头高度的平面上，头部以眼耳平面定位，眼睛平视前方，左、右大腿大致平行，膝弯曲大致呈直角，两足平放于地面上。

坐姿人体尺寸包括坐高、坐姿颈椎点高、坐姿眼高、坐姿肩高、坐姿肘高、坐姿大腿厚、坐姿膝高、小腿加足高、坐深、臀膝距、坐姿下肢长这11项，如图2-9所示。表2-3所列数据为我国成年人坐姿人体尺寸。

表2-3　中国成年人坐姿人体尺寸

单位：mm

测量项目 \ 百分位数 \ 分组	男（18～60岁）			女（18～55岁）		
	5	50	95	5	50	95
1. 坐高	858	908	958	809	855	901
2. 坐姿颈椎点高	615	657	701	579	617	657
3. 坐姿眼高	749	798	847	695	739	783
4. 坐姿肩高	557	598	641	518	556	594
5. 坐姿肘高	228	263	298	215	251	284
6. 坐姿大腿厚	112	130	151	113	130	151
7. 坐姿膝高	456	493	532	424	458	493
8. 小腿加足高	383	413	448	342	382	405
9. 坐深	421	457	494	401	433	469
10. 臀膝距	515	554	595	495	529	570
11. 坐姿下肢长	921	992	1 063	851	912	975

（4）人体水平尺寸

人体水平尺寸包括胸宽、胸厚、肩宽、最大肩宽、臀宽、坐姿臀宽、坐姿两肘间宽、胸围、腰围、臀围这10项，如图2-10所示。表2-4所列数据为我国成年人人体水平尺寸。

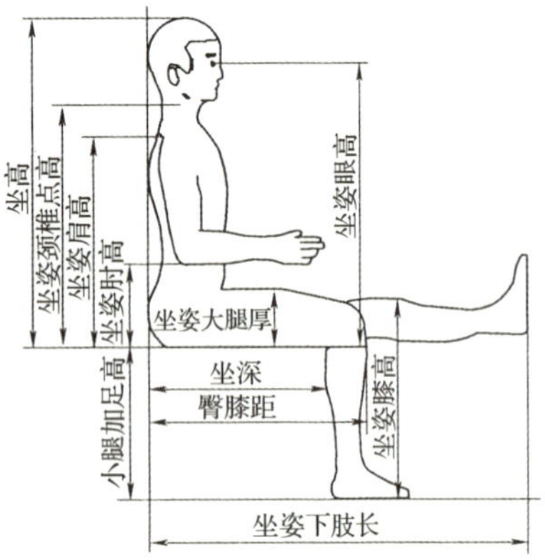

图2-9　坐姿人体尺寸

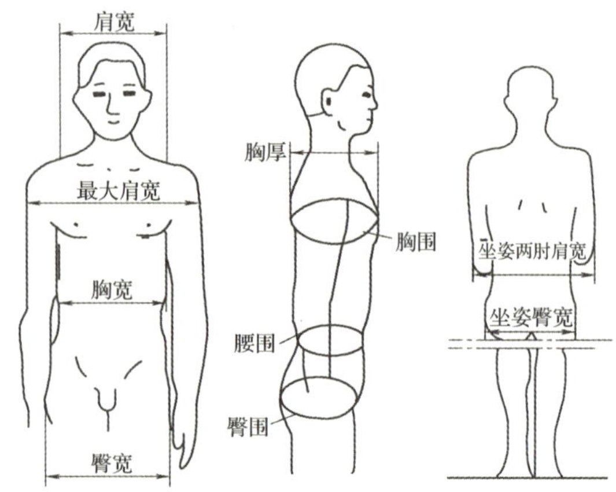

图2-10　人体水平尺寸

表2-4　中国成年人人体水平尺寸

单位：mm

分组 / 百分位数 / 测量项目	男（18～60岁）			女（18～55岁）		
	5	50	95	5	50	95
1. 胸宽	253	280	315	233	260	299
2. 胸厚	186	212	245	170	199	239
3. 肩宽	344	375	403	320	351	377
4. 最大肩宽	398	431	469	363	397	438
5. 臀宽	282	306	334	290	317	346
6. 坐姿臀宽	295	321	355	310	344	382
7. 坐姿两肘间宽	371	422	489	348	404	478
8. 胸围	791	867	970	745	825	949
9. 腰围	650	735	895	659	772	950
10. 臀围	805	875	970	824	900	1 000

提　示

在使用GB 10000—88表内的尺寸数据时，应当注意以下两点：① 该数据均为裸体测量的结果，在具体应用时，应根据不同地区、不同季节的着衣量给予适当修正量；② 近20年来世界各国人的平均身高逐年增加，而该标准是1988年之前的测量数据，因此，在使用时要考虑年代因素给予适当修正量。

（5）人体头部尺寸

人体头部尺寸包括头全高、头矢状弧、头冠状弧、头最大宽、头最大长、头围、形态面长这

7项，如图2-11所示。表2-5所列数据为我国成年人人体头部尺寸。

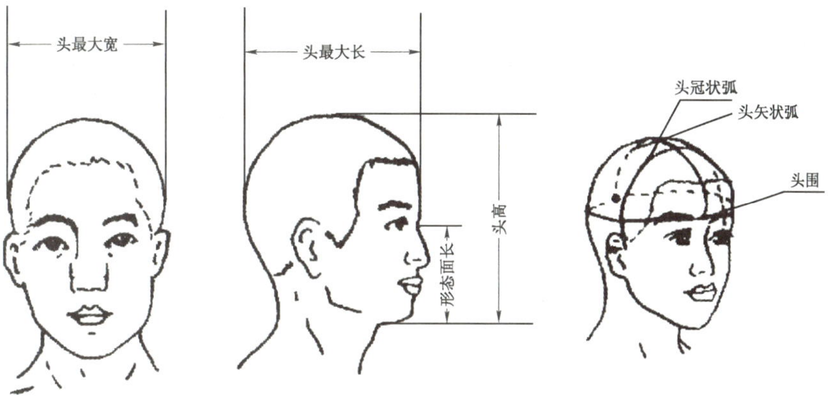

图2-11　人体头部尺寸

表2-5　中国成年人人体头部尺寸

单位：mm

测量项目 \ 百分位数 \ 分组	男（18～60岁）			女（18～55岁）		
	5	50	95	5	50	95
1. 头全高	206	223	241	200	216	232
2. 头失状弧	324	350	375	310	329	349
3. 头冠状弧	338	361	383	327	348	372
4. 头最大宽	145	154	164	141	149	158
5. 头最大长	173	184	195	165	176	187
6. 头围	536	560	586	520	546	573
7. 形态面长	109	119	130	100	109	119

（6）人体手部尺寸

人体手部尺寸包括手长、手宽、食指长、食指近位指关节宽、食指远位指关节宽这5项，如图2-12所示。表2-6所列数据为我国成年人人体手部尺寸。

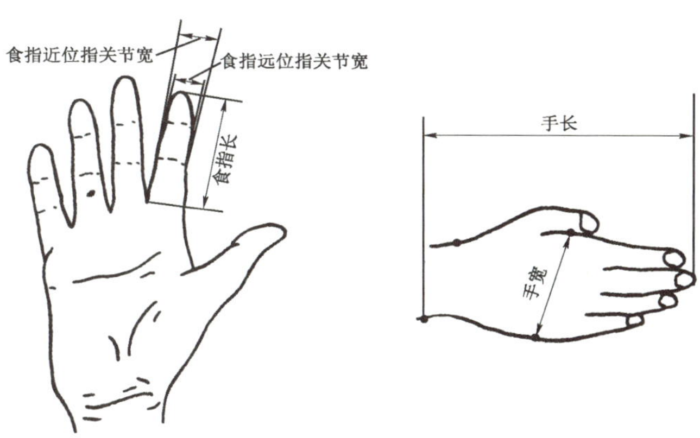

图2-12　人体手部尺寸

表2-6　中国成年人人体手部尺寸

单位：mm

测量项目 \ 百分位数 \ 分组	男（18～60岁）			女（18～55岁）		
	5	50	95	5	50	95
1．手长	170	183	196	159	171	183
2．手宽	76	82	89	70	76	82
3．食指长	63	69	76	60	66	72
4．食指近位指关节宽	18	19	21	16	17	19
5．食指远位指关节宽	15	16	18	14	15	16

（7）人体足部尺寸

人体足部尺寸包括足长和足宽这2项，如图2-13所示。表2-7所列数据为我国成年人人体足部尺寸。

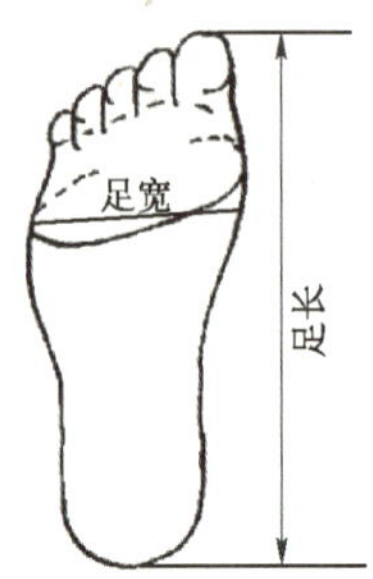

图2-13　人体足部尺寸

表2-7　中国成年人人体足部尺寸

单位：mm

测量项目 \ 百分位数 \ 分组	男（18～60岁）			女（18～55岁）		
	5	50	95	5	50	95
1．足长	230	247	264	213	229	244
2．足宽	88	96	103	81	88	95

知识链接

一个国家的人体尺寸由于区域、民族、性别、年龄、生活条件等因素的不同而存在差异。例如，在我国成年人人体尺寸测量工作中，将全国划分为六个区域分别进行测量。GB 10000—88《中国成年人人体尺寸》提供了这六大区域成年人的体重、身高、胸围三项主要人体尺寸的平均值和标准差，如表2-8所示。

表2-8 我国六大区域成年人人体体重、身高、胸围三项尺寸的均值和标准差

项目		东北、华北区		西北区		东南区		华中区		华南区		西南区	
		均值	标准差	均值	标准差	均值	标准差	均值	标准差	均值	标准差	均值	标准差
男（18～60岁）	体重/kg	64	8.2	60	7.6	59	7.7	57	6.9	56	6.9	55	6.8
	身高/mm	1 693	56.6	1 684	53.7	1 686	55.2	1 669	56.3	1 650	57.1	1 647	56.7
	胸围/mm	888	55.5	880	51.5	865	52.0	853	49.2	851	48.9	855	48.3
女（18～55岁）	体重/kg	55	7.7	52	7.1	51	7.2	50	6.8	49	6.5	50	6.9
	身高/mm	1 586	51.8	1 575	51.9	1 575	50.8	1 560	50.7	1 549	49.7	1 546	53.9
	胸围/mm	848	66.4	837	55.9	831	59.8	820	55.8	819	57.6	809	58.8

2. 我国未成年人人体尺寸

随着科学技术的发展，人性化关怀越来越受到重视，以人为本的设计理念逐渐渗透到我国社会生产和生活的各方面。人体尺寸最能反映人体基本的生理特征，随着社会对未成年人产品安全性和可靠性的日益重视，能够反映我国未成年人身体特征的数据尤为重要。

我国国家标准GB/T 26158—2010《中国未成年人人体尺寸》给出了未成年人（4～17岁）72项人体尺寸所涉及的11个百分位数。

（二）人体功能尺寸

人体功能尺寸是指人在进行某种功能活动时肢体所能达到的空间范围，是由关节的活动、转动所产生的角度与肢体的长度协调产生的范围尺寸。它是被测量者处于动作状态下的测量值，是一种动态尺寸。

动态尺寸可分为四肢活动尺寸和身体移动尺寸两类。四肢活动尺寸是指人体只活动上肢或者下肢，身躯位置并没有发生变化时的各种尺寸，它又可分为手的动作尺寸和脚的动作尺寸；身体移动尺寸是指人体姿势变换、行走和作业等时的范围尺寸。

在实际设计中，虽然人体结构尺寸提供了最基本的尺寸数据，但对于大多数的设计问题，功能尺寸有着更为广泛的用途，这是因为人们经常处于运动中。图2-14为根据结构尺寸和功能尺寸所设计的车辆驾驶室。由该图可知结构尺寸强调驾驶员与驾驶座位、方向盘、仪表盘的物理距离，功能尺寸强调驾驶员身体各部位的动作关系。

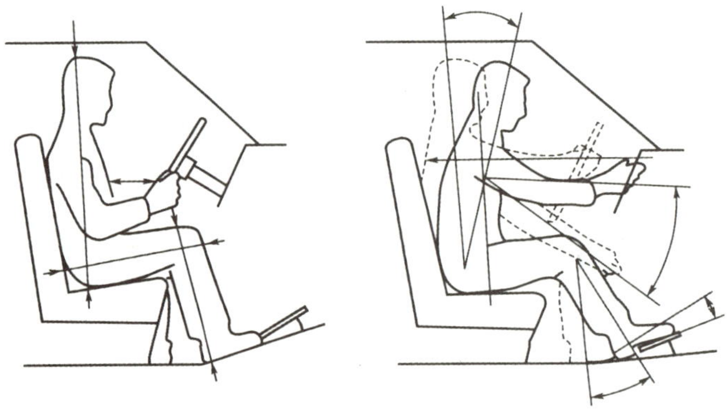

（a）根据结构尺寸所设计　　（b）根据功能尺寸所设计

图2-14　根据结构尺寸和功能尺寸所设计的驾驶室

国家标准GB/T 13547—92《工作空间人体尺寸》提供了我国成年人立、坐、跪、卧、爬等作业姿势的常用功能尺寸，图2-15给出了常用功能尺寸的定义。

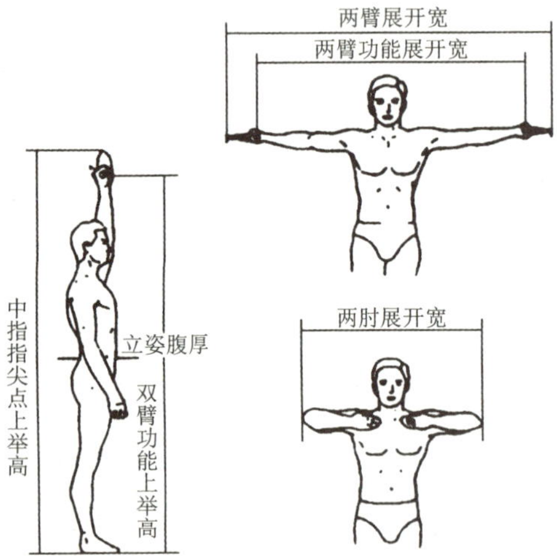

（a）立姿人体功能尺寸

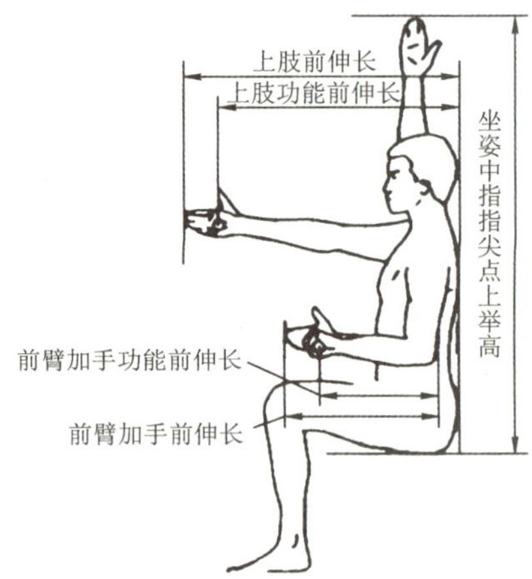

（b）坐姿人体功能尺寸

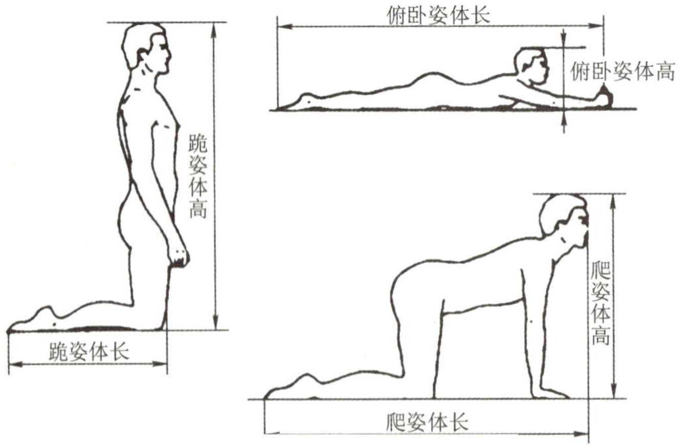

（c）跪姿、俯卧姿、爬姿人体功能尺寸

图2-15　立、坐、跪、俯卧、爬姿功能尺寸

二、影响人体尺寸的因素

影响人体尺寸的因素有很多，如种族差异、世代差异、年龄差异、性别差异等。

（一）种族差异

对于不同的国家，不同的种族，因地理环境、生活习惯、遗传特质的不同，人体尺寸差异十分明显。不论是尺寸的具体数值，还是身材的体型特征、比例关系，均有所差异。例如，以身高为例，荷兰男性平均身高为182.5 cm，越南男性平均身高为165 cm，高差幅度达到17.5 cm。

（二）世代差异

随着社会的发展，卫生、医疗、生活水平的提高及体育运动的大力开展，社会因素对人体尺寸的影响越来越明显。例如，现在子女们的身高普遍高于父母的身高。研究成果显示，1900年之前中国男性的平均身高为161.0 cm，女性为150.2 cm，1996年出生的中国男性平均身高为171.8 cm，女性为159.7 cm。由此得出，中国人近100年平均身高增加了10 cm。

（三）年龄差异

人体体形随着年龄的增长而变化。其中变化最为明显的时期是青少年时期。对于人体尺寸增长过程，女子一般在18岁结束，男子一般在20岁结束，如图2-16所示。此后，人体身高会随着年龄的增加而缩减，而体重、宽度等尺寸随着年龄的增长而增加。因此，在进行某项设计时，一定要了解使用者的年龄，注意不同年龄段人的尺寸差异。

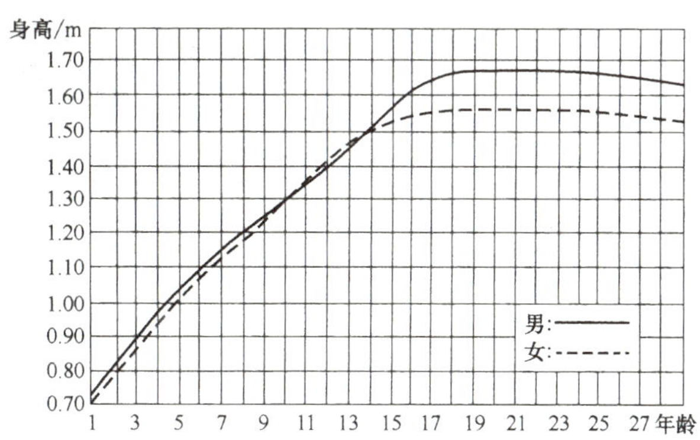

图2-16　不同年龄人体的身高

年龄差异对于儿童用具设计、学校建筑与装修设计是非常重要的，很多儿童的意外伤亡与设计不合理有着很大关系。例如，一般情况下，儿童头部可以钻过的间距，身体就可以钻过去。因此，在设计栏杆间距时，应使该尺寸小于儿童头部尺寸，以有效阻止儿童头部通过。

想一想

为了防止儿童意外伤亡，幼儿园的栏杆间距范围应为多少？

此外，在设计老年人用品时应充分考虑老年人的特点。例如，由于老年人肌肉力量退化，故手脚所能触及的空间范围较小，因此，设计人员在设计老年人用品时，应充分考虑这些差异。

（四）性别差异

在3～10岁这一年龄阶段男女的差别极小，因此同一尺寸数值对男女均适用。男女人体尺寸的明显差异一般从10岁开始。

一般来讲，男性与女性之间的人体尺寸、重量和比例关系都有着明显差异。对于大多数人体尺寸，男性都比女性大一些，如手掌、肩宽等，但有四个尺寸（胸厚、臀宽、臀围、大腿周长），女性通常大于男性。同时，男性与女性即使在身高相同的情况下，身体各部分的比例也是不相同的。相较而言，女性的手臂和腿较短，躯干和头占身体的比例较大，肩较窄，骨盆较宽。因此，在设计中应注意两性的人体尺寸差别，不能以身材矮小男性的人体尺寸代替女性人体尺寸。

设计实例

设计师小李在为某一厨房进行设计时，考虑到男、女主人身高差较大，同时垂直手握高度也相差较大。因此，在橱柜的设计上不仅降低了橱柜高度还配备了下拉栏，方便女主人使用，而且还增加了丰富的下柜储藏空间，如图2-17所示。设计师对橱柜的设计，解决了男、女主人因人体尺寸差异无法合理使用橱柜的问题。

图2-17　配有下拉栏的橱柜

（五）技能障碍差异

在各个国家，残疾人都占有一定比例，目前全世界有超过10亿的残疾人。由此可见，残疾人是现代社会一个相当重要的社会群体，需要当代设计师们予以足够的重视。对尺寸敏感的主要是与行动能力有关（如肢体残疾）的残疾人。

1. 乘轮椅患者

患者的类型不同，如有的四肢瘫痪，有的部分肢体瘫痪。此外，肌肉机能障碍程度对乘轮椅患者四肢活动范围的影响也不相同。因此，在设计过程中，要将轮椅的物理结构与人本身的残疾程度相结合，从而设计出适合乘轮椅患者的尺寸。

设计实例

在室内设计中，应充分考虑轮椅的物理结构与人本身的残疾程度，将二者结合，设计出便于乘轮椅患者出入或使用的空间。例如，设计卫生间时，门宽应不低于0.8 m，这样，乘轮椅患者可在无他人帮助的情况下进出卫生间；卫生间内部空间应大于1.5 m×1.5 m，便于轮椅的回旋。同时，应在坐便器两侧配备高0.7 m的安全扶手，便于乘轮椅患者使用，如图2-18所示。

图2-18　配有安全扶手的卫生间

2. 借外力可走动的残疾人

对于借助外力能走动的残疾人，必须考虑他们使用哪种外力工具（如拐杖、助步车等）进行活动，在设计过程中应将人体测量数据与残疾人所使用的工具当作一个整体来考虑。

三、人体尺寸的运用

（一）数据的选择

在设计行业中，任何产品的设计都是针对一定的使用对象来进行的。因此，选择适合设计对象的数据极为重要。这就要求设计师们在设计时必须分析使用对象的特征，清楚使用者的年龄、性别、职业、民族等，以使所设计的室内环境与设施适合使用对象。

（二）百分位的运用

在很多的数据表中，一般都给出第5百分位、第50百分位和第95百分位的人体尺寸，其中，最常用到的是第5百分位和第95百分位的人体尺寸。

拓展阅读

为什么第5百分位和第95百分位最常用？

统计学表明，任意一组特定对象的人体尺寸，其分布规律大多为正态分布，即大部分属于中间值，小部分属于过大值和过小值。过大值和过小值分布在范围的两端，即第5百分位和第95百分位。第5百分位表示过小值，即有5%的人低于此值；第95百分位表示过大值，即有5%的人高于此值。

在室内设计中，要想满足所有人的要求是不可能的，但可以使用第5百分位和第95百分位满足大多数人的要求。

在实际设计工作中，设计师应根据设计内容、性质与使用对象的不同，选择数据表中的百分位尺寸数据作为设计参考。具体选择什么百分位尺寸数据，主要有以下几个原则。

1. 最大原则

最大原则是指在设计中，尺寸应依据人体测量数据的最大值进行设计，通常可取第95百分位的尺寸数据，表示此时的设计能满足95%的人的需求。例如，门、入口、通道、座面高度、床的长宽等，其尺寸应以个子高大的人为依据，若能满足个子高大的人的需求，则也能满足个子矮小的人的需求。

提 示

特殊情况下，对于涉及人健康、安全的产品（如紧急出口等），应将尺寸界限扩大至第99百分位尺寸数据。

2. 最小原则

最小原则是指在设计中，尺寸应依据人体测量数据的最小值进行设计，通常可取第5百分位的尺寸数据，表示此时的设计能满足95%的人的需求。例如，腿长、臂长决定的座面高度和手所能触及的范围等，其尺寸应以人体测量数据的第5百分位尺寸为依据，若能满足个子矮小的人的需求，则也能满足个子高大的人的需求。

提 示

特殊情况下，对于涉及人健康、安全的产品（如幼儿园栏杆间距等），应将尺寸界限缩小至第1百分位尺寸数据。

3. 平均原则

平均原则是指在设计中，以人体平均尺寸为依据进行设计，其目的不在于确定界限，而在于决定最佳范围，此时通常可取第50百分位尺寸数据。例如，门铃、门把手、开关、锁孔离地面的高度及厨房设备高度等，都可以以平均原则选择第50百分位尺寸数据来设计。

体验、测评黑白调“听海”电脑椅

4. 可调节原则

在日常设计中，若确定百分位大小有一定的困难，则可以在条件许可的情况下，增加一个调节尺寸，从而使该设计能满足大多数人使用。例如，可升降高度的椅子（见图2-19）和可调节高度的隔板（见图2-20）。

图2-19 可调节高度的座椅

图2-20 可调节高度的隔板

（三）分别考虑各项人体尺寸

在实际设计中，经常发生各项尺寸都以比例适中的人为基准的错误做法。例如，有人认为，身高是第5百分位的人，他们的坐高、坐深、伸手可及范围也都相应较小，但实际上并非如此。图2-21给出了一组身高相同但各部分身体比例不同的人的示意图。

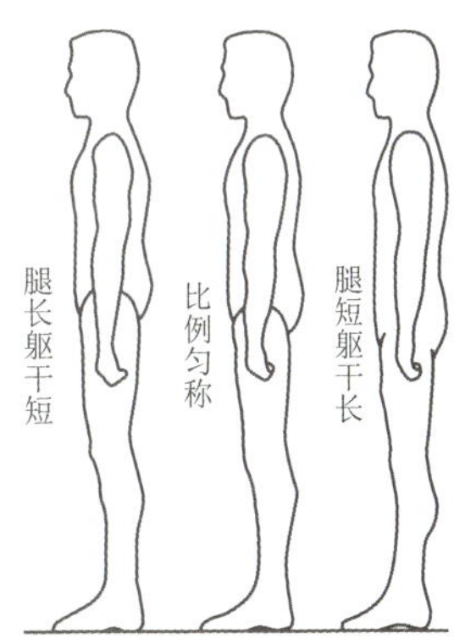

图2-21 身高相同但身体各部分比例不同的一组人

也就是说，人体测量的每一个百分位数值，只能表示某项人体尺寸，如身高第50百分位数据只表示身高处于第50百分位，并不能表示身体的其他部位尺寸也处于第50百分位。因此，在设计过程中，应分别考虑各项人体尺寸。

例如，设计师根据人体身高尺寸第50百分位数据设计了一款舒适且造型美观的座椅。在使用过程中，发现大腿较短的人必须借助附加的靠垫来减小坐深，以达到舒适的状态。这样，该座椅的设计就未能满足大腿较短的人的需求，因此，舒适度和造型美观就失去了意义。有鉴于此，设计师在实际设计时应该依据产品特点分别考虑各项人体尺寸。

四、常用人体尺寸在设计中的应用

（一）身高

身高是指人身体直立、眼睛向前平视时从地面到头顶的垂直距离，如图2-22所示。

应用： 身高数据可用于确定通道和门的最小高度。大部分建筑规范中规定，门和门框的高度应适用于99%以上的人。同样，这些数据可以确定人体上方的障碍物高度。

提　示

身高一般是不穿鞋测量的，故在使用时应给予适当修正量。

课堂互动

公共汽车车门的高度一般是按照男性与车门碰头机会在0.01以下来设计的。若某地区男性平均身高为172 cm，标准差为6 cm，请问车门高度应如何确定？

（二）站姿眼高

站姿眼高是指人身体直立、眼睛向前平视时从地面到内眼角的垂直距离，如图2-23所示。

应用： 站姿眼高数据可用于布置广告和其他展品；用于确定屏风和开敞式办公室内隔断的高度等。

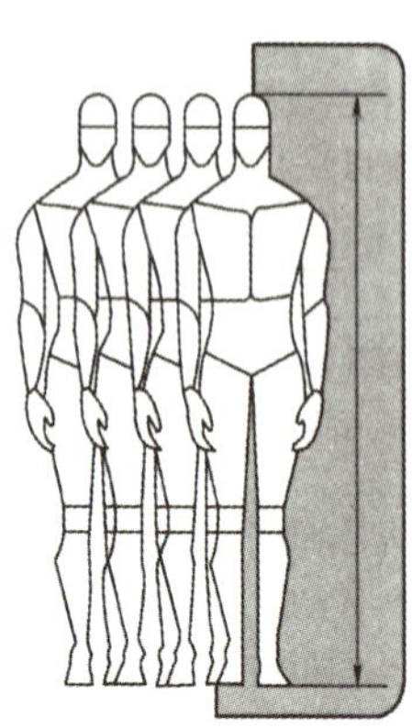

图2-22　身高

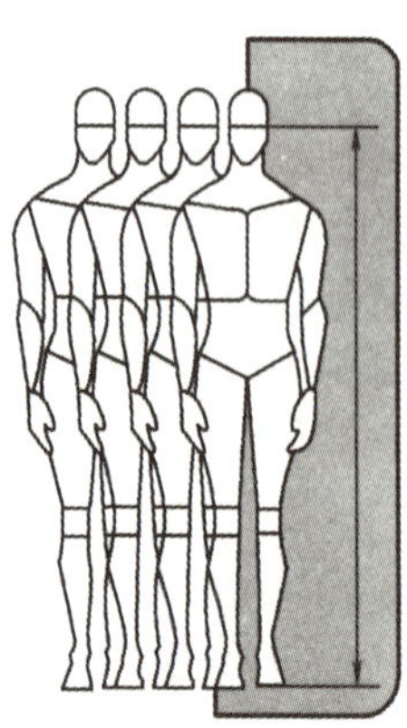

图2-23　站姿眼高

例如，设计隔断时，如果希望使用隔断来保护人的私密性，那么该隔断高度应取较高人的眼高，即可取第95百分位眼高；反之，如果允许外面人看到隔断里面，那么该隔断应取较矮人的眼高，即可取第5百分位眼高。

提 示

立姿眼高一般不含鞋跟高度，故在使用时应给予适当修正量，男子大约需加2.5 cm，女子大约需加7.6 cm。

（三）坐高

坐高是指人挺直坐立时，座椅表面到人体头顶的垂直距离，如图2-24所示。

应用：坐高数据用于确定座椅上方障碍物的允许高度。例如，在利用阁楼下面的空间时，需要根据该尺寸来确定阁楼的高度。

百分位选择：由于该尺寸主要涉及间距问题，所以采用第95百分位尺寸数据比较合适。

提 示

使用该数据时应考虑座椅的倾斜、座椅垫子的弹性、衣服的厚度及人坐下与起立时的活动范围。

（四）坐姿眼高

坐姿眼高是指人在坐姿时，人的内眼角到座椅表面的垂直距离，如图2-25所示。

应用：坐姿眼高数据可用于确定剧院、礼堂、会议室、教室等室内空间的视线和最佳视区。

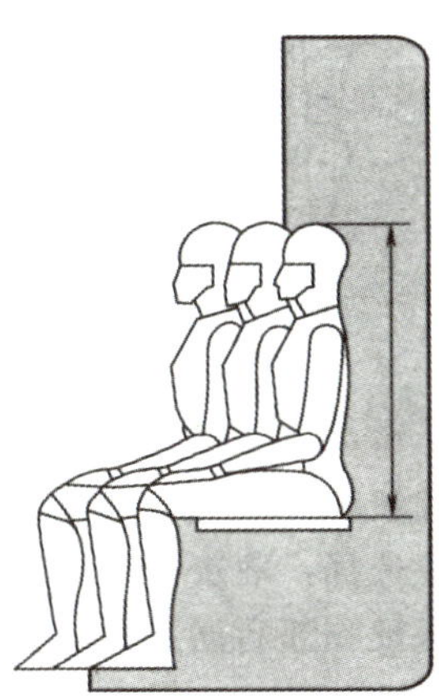

图2-24　坐高

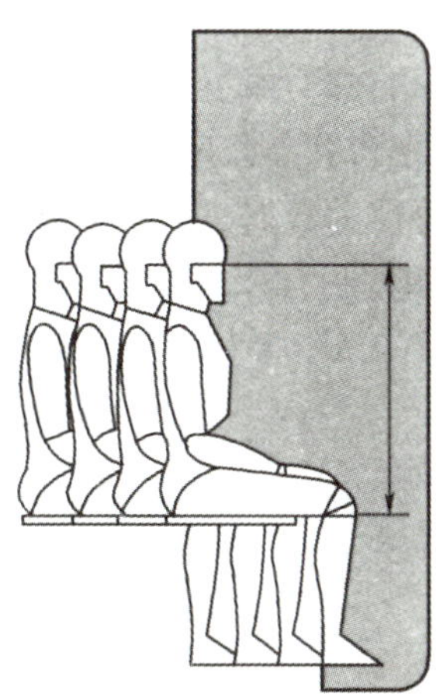

图2-25　坐姿眼高

提示

使用该数据时应考虑头部与眼睛的转动范围、座椅面距地面的高度和可调节座椅的调节范围等。

（五）最大肩宽

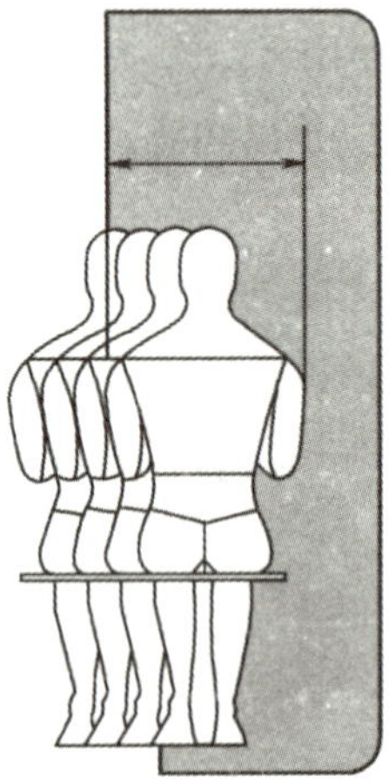

图2-26　最大肩宽

最大肩宽是指人在立姿时，两三角肌外侧的最大水平距离，如图2-26所示。

应用：最大肩宽数据可用于确定环绕桌子的座椅间距，电影院、剧院及礼堂中的排椅间距，也可用于确定公用和专用空间的通道间距等。例如，某人肩宽60 cm，当要设计一条可容纳两个人同时经过的过道时，最小宽度应为120 cm，如果考虑人走动时的摇摆空间与两肩之间所需空间范围，则过道宽度以140 cm为宜。

百分位选择：由于尺寸主要涉及间距问题，所以应使用第95百分位尺寸数据。

提示

使用该数据时应考虑衣服的厚度、躯干与肩的活动范围、两肩之间所需的空间范围等。

（六）坐姿两肘间宽

坐姿两肘间宽是指两肘屈曲、自然靠近身体、前臂平伸时两肘外侧之间的水平距离，如图2-27所示。

应用：坐姿两肘间宽数据可用于确定会议桌、报告桌、柜台和牌桌周围座椅的位置。

百分位选择：由于尺寸主要涉及间距问题，所以应使用第95百分位尺寸数据。

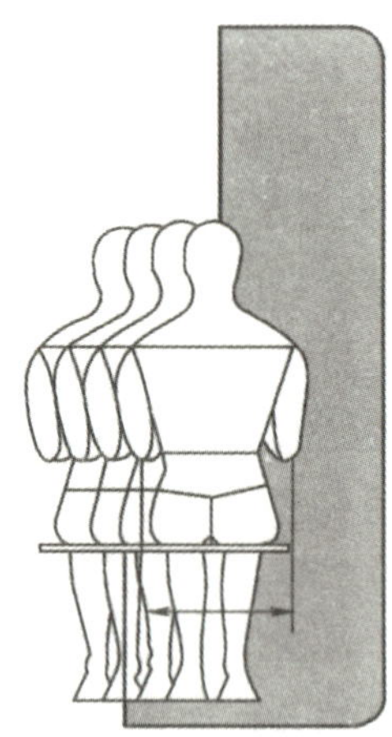

图2-27　坐姿两肘间宽

提示

使用该数据时应与肩宽尺寸结合使用。

设计实例

日常工作中，会议桌周围桌椅的摆放位置及相互距离十分重要。在摆放会议桌周围座椅时，应考虑人们坐姿状态下两肘间宽和最大肩宽，使座椅之间保持合适的距离。只有距离合适，才能让与会人员感到舒适，如图2-28所示。

图2-28　会议桌与座椅摆放位置

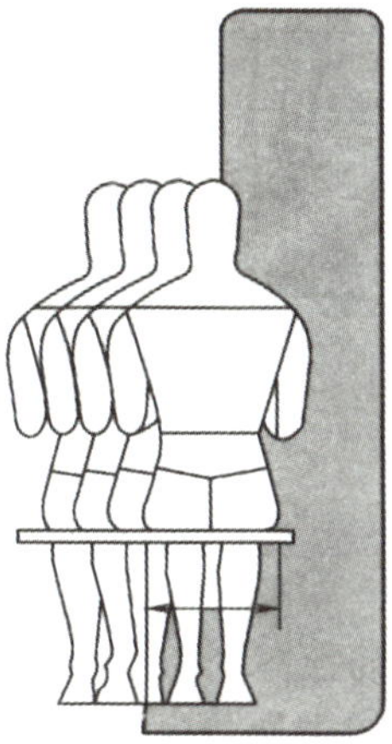

图2-29　坐姿臀宽

（七）坐姿臀宽

坐姿臀宽是指人在坐姿时，臀部左、右外侧最突出部位间的横向水平直线距离，如图2-29所示。

应用： 坐姿臀宽数据可用于确定各种座椅内侧尺寸。例如，座椅的座面宽度应保证人体臀部得到全部支持，并有一定的宽裕，使人能随时调整其坐姿。

百分位选择： 由于尺寸主要涉及间距问题，所以应使用第95百分位尺寸数据。

提　示

使用该数据时应根据具体情况，结合坐姿两肘间宽和最大肩宽使用。

（八）肘高

肘高是指人在身体直立，上肢自然下垂，手掌朝向内侧时，从地面到人的肘部的垂直距离，如图2-30所示。

应用： 肘高数据可用于确定柜台、梳妆台、工作台、厨房案台及其他站立使用的工作面的舒适高度。目前，经过科学研究发现，最舒适的高度是低于人的肘部高度7.6 cm。

百分位选择： 因确定台面高度的因素过多，可根据特别功能

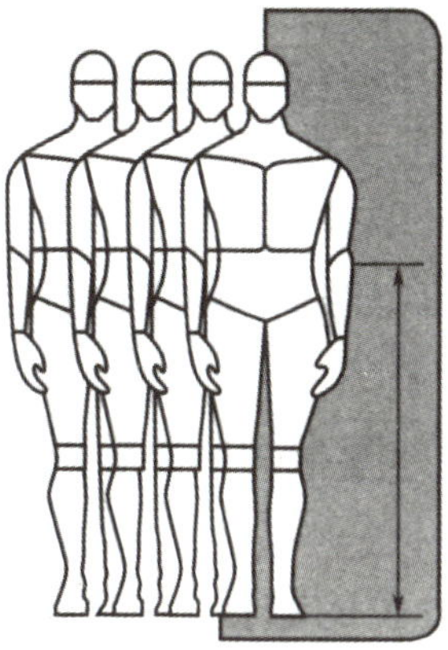

图2-30　肘高

或者每个人对舒适要求的不同，从第5百分位到第95百分位中选择一个范围。

提 示

使用该数据时应考虑该台面的功用性质。

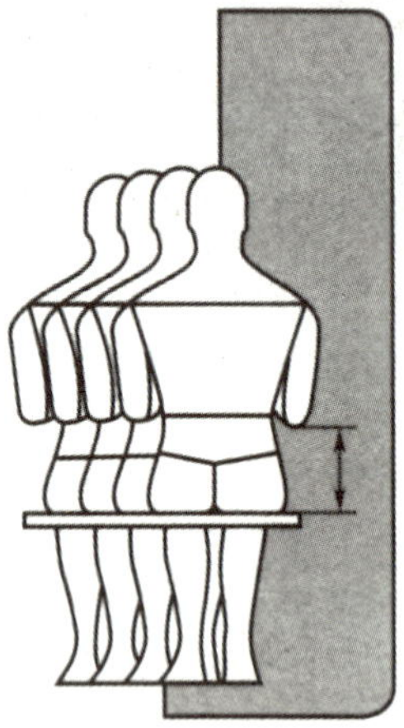

图2-31 坐姿肘高

（九）坐姿肘高

坐姿肘高是指屈臂时，肘部最低点至座椅表面的垂直距离，如图2-31所示。

应用： 坐姿肘高数据可与其他因素联系在一起，用于确定椅子扶手、工作台、书桌、餐桌及其他特殊设备的高度。

百分位选择： 坐姿肘高既不涉及间距问题也不涉及伸手够物问题，其目的只是为了使手臂得到最舒适的状态。因此，选择第50百分位左右的数据是较为合理的。在大多情况下，坐姿肘高在21～27.9 cm范围内即可。

提 示

使用该数据时应考虑座椅垫子的弹性、座椅表面的倾斜度及身体姿势。

（十）坐姿大腿厚度

坐姿大腿厚度是指从座椅表面到大腿与腹部交接处的大腿端部之间的垂直距离，如图2-32所示。

应用： 坐姿大腿厚度数据可用于确定柜台、书桌、会议桌、家具及其他室内设备的尺寸。

百分位选择： 由于尺寸主要涉及间距问题，所以应使用第95百分位尺寸数据。

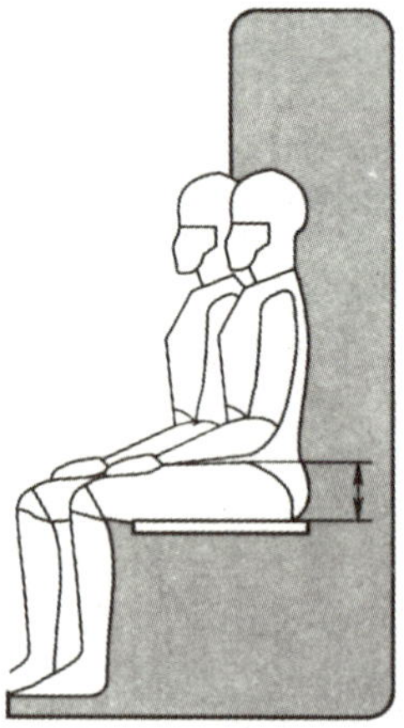

图2-32 坐姿大腿厚度

提 示

使用该数据时应考虑座椅垫子的弹性、小腿加足高等。

设计实例

日常生活中，设计带有键盘托的工作桌时，通常要使键盘托底部与大腿之间保留适当的间隙，以便在使用时将腿放在桌面键盘托底部的下方，如图2-33所示。

图2-33　座椅与键盘托之间留有间隙的办公桌

（十一）坐姿膝高

坐姿膝高是指人在坐姿时，从髌骨上方的大腿上表面至地面的垂直距离，如图2-34所示。

应用： 坐姿膝高数据可用于确定地面到书桌、餐桌、柜台底面的尺寸。

百分位选择： 由于尺寸主要涉及间距问题，所以应使用第95百分位尺寸数据。

提　示

使用该数据时应考虑座椅高度和座椅垫子的弹性。

（十二）坐深

坐深是指人在坐姿时，臀部后缘最后突点至小腿腘窝后缘的水平直线距离，如图2-35所示。

应用： 坐深数据主要用于设计座椅时，确定腿的位置、长凳和靠背椅前面垂直面以及椅面的深度等。例如，如果座面过深，则背部的支撑点会悬空，从而使靠背失去作用，同时，膝窝处还会因此受到压迫；如果座面太浅，则大腿前部会悬空，体重会过多地由小腿承担，从而使小腿过快疲劳。

百分位选择： 在实际设计中，坐深应适应较多的使用者，因此应选择第5百分位尺寸数据。

提　示

使用该数据时应考虑椅面的倾斜度。

图2-34　坐姿膝高

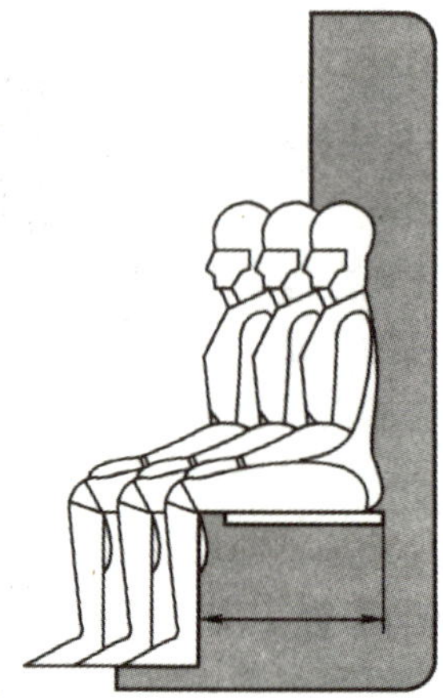

图2-35　坐深

（十三）臀部—膝盖长度

臀部—膝盖长度是指人在坐姿时，从臀部后缘至髌骨前缘的水平直线距离，如图2-36所示。

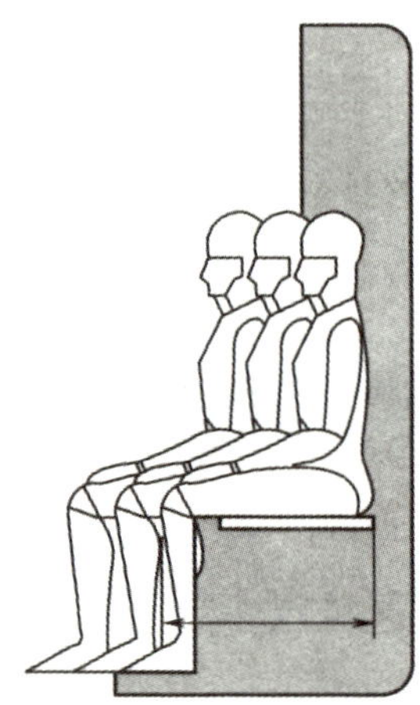

图2-36　臀部—膝盖长度

应用：臀部—膝盖长度数据可用于确定椅背到膝盖前方障碍物之间的适当距离。例如，用于影剧院、礼堂中的固定排椅的设计。

百分位选择：由于尺寸主要涉及间距问题，所以应使用第95百分位尺寸数据。

提　示

使用该数据时应考虑实际情况，结合臀部—足尖长度数据使用。

（十四）臀部—足尖长度

臀部—足尖长度是指从臀部后缘至脚趾尖端的水平距离，如图2-37所示。

应用：臀部—足尖长度数据可用于确定椅背到膝盖前方障碍物之间的适当距离。

百分位选择：由于尺寸主要涉及间距问题，所以应使用第95百分位数据。

提　示

使用该数据时应考虑实际情况，结合臀部—膝盖长度数据使用。

想一想

教室内课桌尺寸的设计应考虑哪些关键人体尺寸？

（十五）垂直手握高度

垂直手握高度是指人站立、手握横杆，然后使横杆上升到不使人感到过紧的限度为止时，从地面到横杆顶部的垂直距离，如图2-38所示。

应用： 垂直手握高度数据可用于确定开关、控制器、拉杆、把手、书架、衣帽架等的最大高度。

百分位选择： 在实际设计中，垂直手握高度应适应较多的使用者，因此应选择第5百分位尺寸数据。

提　示

该尺寸一般是不穿鞋测量的，故在使用时应给予适当修正量。

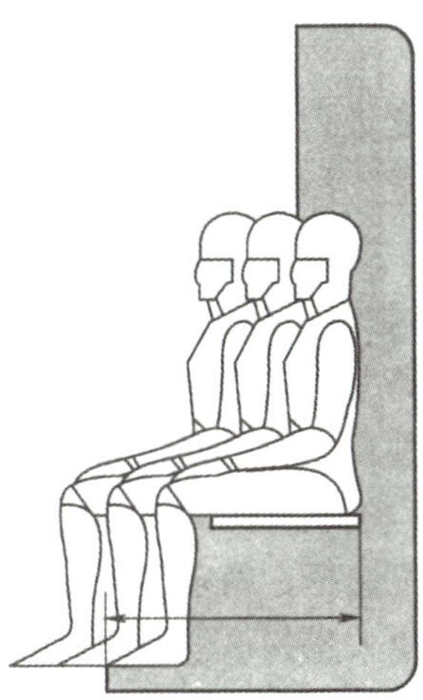

图2-37　臀部—足尖长度

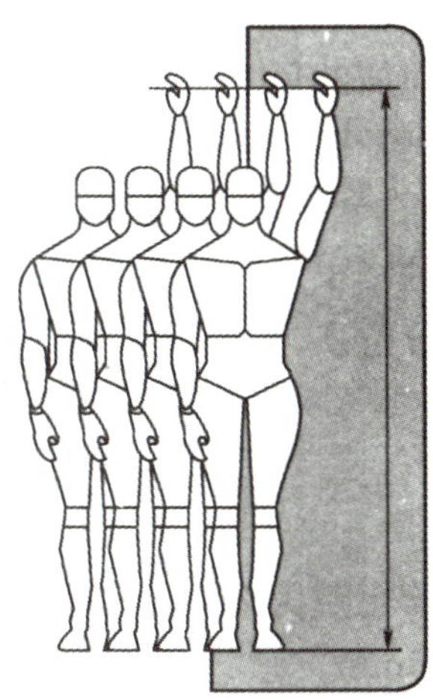

图2-38　垂直手握距离

设计实例

公共汽车顶棚的扶手横杆主要用于帮助人们在行进的车厢内站稳，避免摔倒。在设计扶手横杆高度时，要考虑人们的垂直手握距离。一般情况下，扶手横杆的高度应使大多数乘客都能够得着、抓得住，即只要个子矮小的乘客能抓住，个子高大的乘客就一定可以。因此，扶手横杆的高度通常参考人体尺寸第5百分位尺寸数据。

（十六）侧向手握距离

侧向手握距离是指人直立、右手侧向平伸握住横杆，一直伸展到不使人感到过紧的限度为止时，从人体中线到横杆外侧面的水平距离，如图2-39所示。

应用：侧向手握距离数据可应用确定设备控制开关等装置的位置。

百分位选择：在实际设计中，侧向手握高度应适应较多的使用者，因此应选择第5百分位尺寸数据。

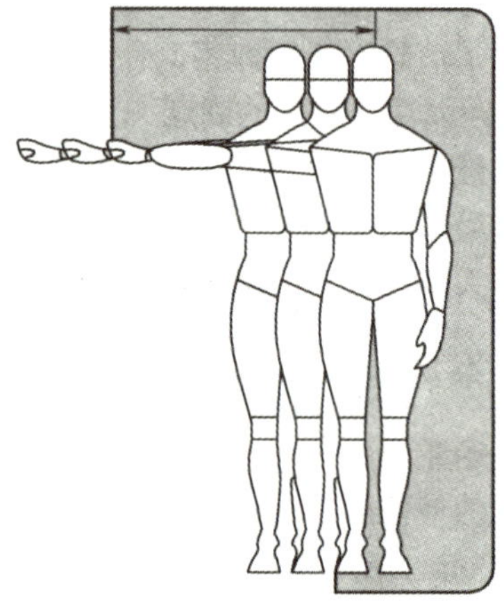

图2-39　侧向手握距离

提　示

如果涉及的活动需要使用专门的手动装置、手套或其他某种特殊设备，这些都会延长使用者的一般手握距离，那么在设计时应考虑这个延长量。

（十七）向前手握距离

向前手握距离是指人肩膀紧靠墙面直立，手臂向前平伸时，从墙壁至拇指尖的水平距离，如图2-40所示。

应用：向前手握距离数据可用来确定人们需越过某种障碍物去接触另一物体或设备时的最大尺寸。

百分位选择：在实际设计中，向前手握距离应适应较多的使用者，因此应选择第5百分位尺寸数据。

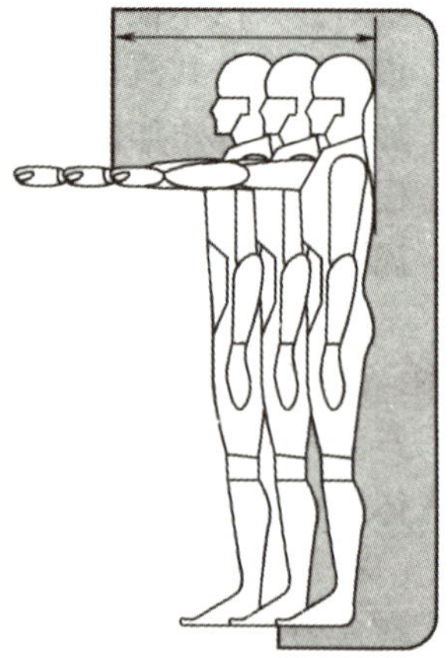

图2-40　向前手握距离

提　示

使用该数据时应考虑实际工作或操纵的特点。

思考题

1. 人体测量的工具有哪些？
2. 人体尺寸的差异表现在哪些方面？
3. 人体测量的方法有哪些？
4. 什么是百分位？百分位在运用中有哪些原则？
5. 运用人体尺寸知识时，通常应考虑和运用哪些内容？

自信中国

老有所依，看中国制造

人在不同年龄阶段，体形、人体尺寸、身体机能都会有所变化。在设计老年人用品时，应当充分考虑老年人肌肉退化、行动不便的特点。

我国某品牌专为老年人设计出一款家用真空吸尘器，如图2-41和图2-42所示。老年人腿脚不便，不易弯腰，双手持握的设计有助于老人稳定站立和行走，垃圾槽也接近手部的位置，通过真空将垃圾吸入垃圾槽，老人即使不弯腰也能将垃圾轻松倒出。

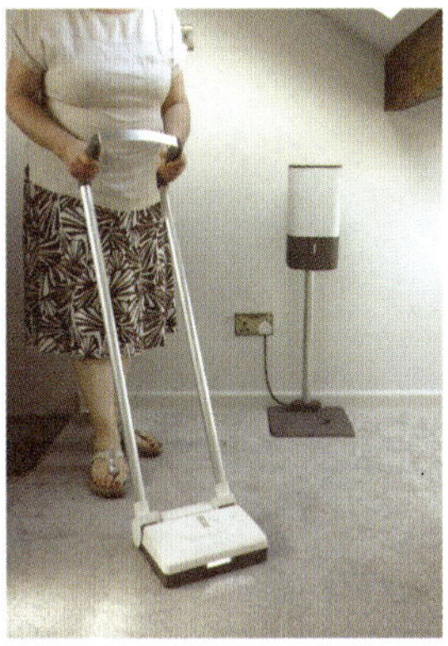

图2-41　真空吸尘器

这款符合人体工程学的吸尘器易于老年人使用和管理，可以减少人体负荷，提高清洁效率。人性化的设计便于老年人独立进行家庭清洁，可以让老年人更为舒适地劳动，从而有利于身心健康。这款吸尘器充分阐释了以人为本的设计理念，也显示出中国制造的力量与温度。

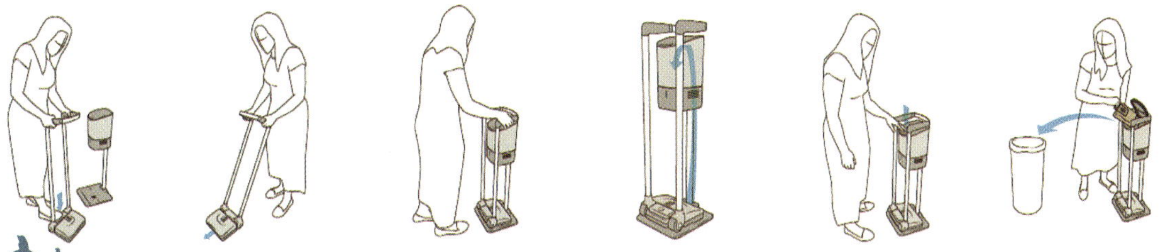

图2-42　真空吸尘器使用流程示意图

第三章

室内环境中人体活动的因素

学习目标

1. 了解人体运动系统。
2. 熟悉肌肉施力、重心问题等相关知识与应用。
3. 熟悉肢体活动空间和人体活动空间的相关知识与应用。

思政目标

1. 培养为人民创造更舒适、更安全的产品和生活方式的设计意识与责任感。
2. 培养社会责任感，做对社会、环境有意义的工作，为实现人民美好生活而奋斗。

学习要点

1. 掌握避免静态肌肉施力的方法。
2. 熟悉人体动作空间的相关知识。

第一节

人体运动系统与人体力学

人体运动系统的生理特点，关系到人的姿势、人的功能尺寸和人体活动空间尺度，从而会影响家具、设备、操作装置和支撑物的设计。

一、运动系统

人体的一切活动都是通过人体运动系统实现的。运动系统由骨骼、肌肉、关节三部分组成。人体的运动是以关节为支点，通过附着于骨面的肌肉的收缩，牵动骨骼改变位置而产生的。骨骼、肌肉和关节在神经系统的支配与调节下协调一致，共同完成各种动作。

在人体运动过程中，骨骼起到运动杠杆的作用；肌肉是运动的动力；关节是运动的枢纽。

（一）骨骼系统

人体骨骼共有206块，分为颅骨（29块）、躯干骨（51块）、上肢骨（64块）、下肢骨（62块）四个部分，如图3-1所示。

人体骨骼有着多种功能。颅骨有保护和支持脑、感觉器的作用；躯干骨有支持身体、保护内脏的功能；上肢骨、下肢骨与肌肉、肌腱、韧带等组织协同，共同完成人的运动功能。此外，骨骼还有代谢功能和造血功能。

在人体骨骼中，脊柱的作用尤为重要。在日常工作中，作业姿势与脊柱运动的关系直接影响生理负荷和作业效率。例如，在家具设计中，家具的造型与脊柱的姿势有着密切的关系，设计不合理的座椅靠背会影响脊柱的形状，从而导致腰部病痛。

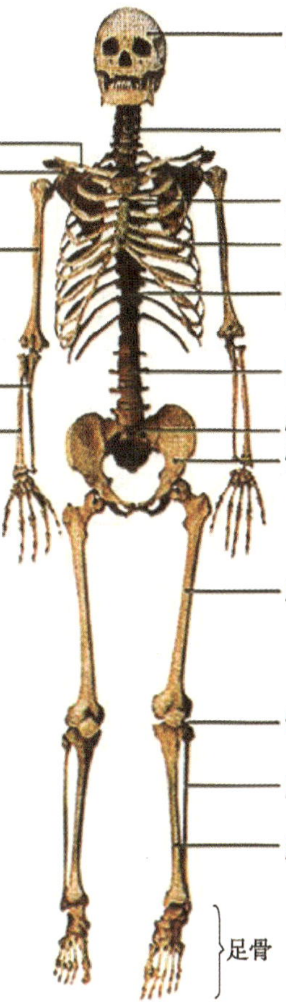

图3-1　人体骨骼

（二）肌肉系统

肌肉是人体运动系统的动力。它包括骨骼肌（见图3-2）、心肌和平滑肌三种类型。其中，骨骼肌特指附着在骨骼上，拉伸骨骼做运动的肌肉，主要分布于人体四肢。室内人体工程学所研究的内容仅限于骨骼肌。

1．肌肉与肌力

肌肉主要由肌肉组织构成，肌肉组织又由特殊分化的肌细胞构成。肌细胞的形状细长，呈纤维状，故肌细胞通常称为肌纤维。肌肉的基本机能是将生物化学能转变为机械能或动能。这种转变是靠骨骼肌所具有的生理特性——收缩性而实现的。肌肉收缩是肌肉对刺激所产生的收缩反应现象。

图3-2　骨骼肌

肌力是肌纤维收缩力之和，是人体做出各种动作和维持人体各种姿势的动力源。它的大小取决于肌纤维的数量、体积、性质、收缩前的长度及中枢神经的兴奋状态等。

2．作业与肌力

如何有效地发挥肌力，减少疲劳，进而提高工作效率是室内人体工程学研究的课题之一。

作业姿势与肌力有着紧密的联系。例如，人在立姿时，前臂与上臂呈70°左右时，手臂所产生的力量最大；人在坐姿时，手臂向上用力大于向下用力，向内用力大于向外用力。因此，在室内空间与家具设计中，应考虑人体的各种作业姿势，分析其拉力、推力、用力方向、用力范围等，以便为作业平面、操作平台的高度及活动空间等提供设计依据。

（三）关节和韧带

关节是人体杠杆的重要联结方式和联结结构。关节的主要结构包括关节面、关节囊和关节腔三部分。此外，在关节的内外还有一些韧带帮助维持关节的稳定性和防止关节异常活动。

不同部位的关节，其结构不同，功能也不同。例如，肘关节由肱骨下端和尺骨、桡骨上端构成，可做前屈、后伸运动，也参与前臂的旋前和旋后运动。膝关节由股骨内、外侧髁（kē，骨头上的突起，多长在骨头的两端）和胫骨内、外侧髁以及髌骨构成，可做屈伸运动。

二、人体力学

认识人体力学

人体力学是运用力学原理研究如何维持和掌握身体平衡，以及人体从一种姿势变换为另一种姿势时身体如何有效协调的一门科学。

（一）肌肉施力

在室内空间中，无论是人体自身的平衡稳定或是人体的运动，都离不开肌肉的施力。肌肉施力是指肌肉收缩所产生的肌力作用于骨骼后，再通过人体结构作用于其他物体上的过程。肌肉施力有两种方式：静态肌肉施力和动态肌肉施力。

1. 静态肌肉施力

图3-3　学生书写时坐姿

静态肌肉施力是指肌肉做较长时间的收缩，以较长时间地维持身体的某种姿势。在静态肌肉施力情况下进行的作业称为静态作业。例如，学生在坐姿书写时（见图3-3），从肩部到手臂都有多块肌肉在长时间地静态肌肉施力。

在静态肌肉施力时，肌肉收缩产生的内压会对血液产生影响。收缩的肌肉组织会压迫血管，阻止血液进入肌肉，导致肌肉无法从血液中得到糖分和养分的补充，不得不依赖于本身的能量贮备，从而引起肌肉疲劳。同时，静态肌肉施力会造成代谢废物不能迅速排出，所积累的废物造成肌肉酸痛。由于肌肉酸痛难耐，静态作业的持续时间就会受到限制。

此外，静态肌肉施力可能引发病症。一方面，静态肌肉施力会加速肌肉的疲劳过程，引起难忍的肌肉酸痛；另一方面，长期受静态肌肉施力的影响，酸痛还会由肌肉扩张到腱、关节等组织，并损伤这些组织，引起永久性疼痛。

2. 动态肌肉施力

动态肌肉施力是指对物体交替进行施力与放松，使肌肉有节奏地收缩与舒张。在动态肌肉施力情况下进行的作业称为动态作业。

在动态肌肉施力时，肌肉有节奏地收缩、舒张，促使血液循环加速。血液的大量流动不仅能使肌肉获得足够的糖分和养分，而且能够迅速排出代谢废物。因此，只要选择合理的作业节奏，动态作业就可以延续较长时间而不易使人产生疲劳。例如，心脏的工作就是动态作业，在人的一生中，心脏不停地跳动，而心肌从不“疲劳”。

3. 静态肌肉施力举例

在我们日常生活中，有许多静态肌肉施力的例子。例如，人在站立时，从腿部、臀部、腰部到颈部，都有着许多块肌肉在长时间地静态施力。实际上，无论人的身体姿势如何，都有部分肌肉在静态施力。

日常生活中，常见的静态作业方式有：① 长时间或反复地向前或者向两侧弯腰，如长时间伏案绘图；② 长时间手臂水平抬起或双手前伸，如在设计过高的操作台上进行操作；③ 长时间用手臂夹持物体；④ 一只脚支撑体重，另一只脚控制机器；⑤ 长时间站在一个位置上；⑥ 推拉物体；⑦ 长时间、高频率地使用一组肌肉，如手指长时间快速敲击键盘，导致手指、手腕疲劳。

4. 避免静态肌肉施力的方法

避免静态肌肉施力的关键在于协调“人—机”关系，使操作者在作业过程中能够采取随意姿势并能自由改变体位，从而保持身体的舒适、自然，而不是迫使操作者只能采取一种姿势或采取不良姿势进行作业。

在室内设计中，避免静态肌肉施力的设计要点主要有以下几项。

（1）避免弯腰或其他不自然的身体姿势。当工作者长时间以弯腰姿势工作时（见图 3-4），易造成腰痛。为此，对于用户经常使用的家具、厨具等，设计师应根据使用者情况为其确定合理的高度。

图 3-4　长期弯腰的工作姿势

设计实例

设计师小杨在对某厨房进行改造前，先对该房子的男、女主人进行了观察。他发现，在日常生活中，女主人的身高较高，且使用厨房的频率较高，而厨房的工作台面相对较低，这使女主人在洗菜、切菜时背部弯曲严重。因此，小杨在改造厨房时特别注意了这一问题。

由于厨房的工作台面高度与人体肘高有着较大的关联，小杨根据女主人的肘高，对厨房工作台面的高度进行了新的测量，将工作台面高度适当调高，从而避免女主人在使用工作台面时背部静态肌肉施力时间过长。

（2）避免长时间的抬手作业。在日常工作中，抬手过高不仅易引起手臂疲劳，而且还会降低操作精确度，影响工作者的技能发挥。如图 3-5 所示，工作者的右手和右肩的肌肉若长时间处于静态受力状态，极易造成肩部和手臂疲劳，从而影响工作效率。又如，电脑作业时肘部支撑的

图3-5　长期高举手臂的工作姿势

设计。人在操作电脑时，手臂因操作而离开座椅扶手，这时人的上肢就需要寻找一个新的支撑点或是一个依托，一方面用于支撑人的躯干，同时也用于支撑人的手和前臂，从而减轻手腕、颈、肩和腰部的肌肉疲劳和疼痛。因此，为了使人可以长时间操作电脑，就务必要设计合理的支撑面。

（二）重心问题

在设计中，许多尺寸都应考虑重心问题。例如，栏杆高度的设计，其高度应该高于人的重心。重心是人全部重量集中作用的点。当考虑人的重量时，就可以用这个点来代替人体重量之所在，所以如果栏杆低于人的重心，人体一旦失去平衡，就可能越过栏杆而坠落。我国国家标准GB 50096—2011《住宅设计规范》中规定：① 住宅阳台栏板或栏杆净高，六层及六层以下不应低于1.05 m，七层及七层以上不应低于1.10 m；② 住宅的公共出入口台阶高度超过0.70 m，并侧面临空时，应在两边设防护措施，且防护设施净高不应低于1.05 m。此外，防护栏杆必须采用防止儿童攀登的构造，栏杆的垂直杆间净距不应大于0.11 m。

重心主要受身高、体重和体格的影响，通常，躯干长的人重心偏向下方，反之则偏上。根据测定，重心在身高一半以上的人不到50%。此外，重心还随着人体姿态的变化而不同，如图3-6所示。

图3-6　不同姿态时人体重心的位置

在椅子的设计中，重心尤为重要。一般情况下，四条腿的椅子稳定性较好，而三条腿、两条腿或一条腿的椅子就需要设计好重心（见图3-7），以保证椅子的稳定性。

图3-7　考虑重心的椅子

第二节
人体动作空间

从室内活动的角度来看，人体的运动与室内空间的关系非常密切，人的身体不仅有一定的尺度，而且活动能力也有一定的限度，因而与活动有关的空间的设计，就必须考虑人的形体特征、动作特性和体能极限等人体因素。

人体动作空间可分为肢体活动空间和人体活动空间两类，下面分别进行介绍。

一、肢体活动空间

肢体活动空间是指肢体围绕躯体做各种动作时所划出的动作空间，是人体处于静态时肢体的动作空间。

（一）肢体活动角度

身体各部位活动角度及活动范围数据如表3-1和图3-8所示。

表3-1　身体各部位的活动范围数据

身体部位	移动关节	动作方向	动作角度	
			编号	（°）
头	脊柱	向右转	1	55
头	脊柱	向左转	2	55
头	脊柱	屈曲	3	40
头	脊柱	极度伸展	4	50
头	脊柱	向一侧弯曲	5	40
头	脊柱	向一侧弯曲	6	40
肩胛骨	脊柱	向右转	7	40
肩胛骨	脊柱	向左转	8	40
臂	肩关节	外展	9	90
臂	肩关节	抬高	10	40
臂	肩关节	屈曲	11	90
臂	肩关节	向前抬高	12	90
臂	肩关节	极度伸展	13	45
臂	肩关节	内收	14	140
臂	肩关节	极度伸展	15	40
臂	肩关节	外展旋转（外观）	16	90
臂	肩关节	外展旋转（内观）	17	90
手	腕关节	背屈曲	18	65
手	腕关节	掌屈曲	19	75
手	腕关节	内收	20	30
手	腕关节	外展	21	15
手	腕关节	掌心朝上	22	90
手	腕关节	掌心朝下	23	80
腿	髋关节	内收	24	40
腿	髋关节	外展	25	45
腿	髋关节	屈曲	26	120
腿	髋关节	极度伸展	27	45
腿	髋关节	屈曲时回转（外观）	28	30
腿	髋关节	屈曲时回转（内观）	29	35
小腿 足	膝关节 踝关节	屈曲	30	135
小腿 足	膝关节 踝关节	内收	31	45
小腿 足	膝关节 踝关节	外展	32	50

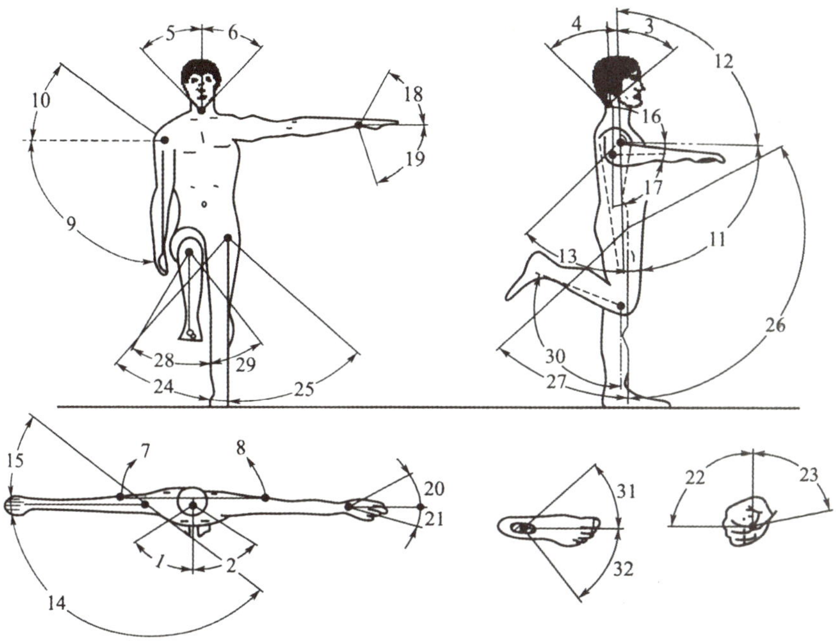

图3-8 身体各个部分的活动范围（各动作编号及注解列于表3-1中）

（二）肢体活动范围

肢体活动范围是指人们在各种环境作业中，在某种姿态下肢体所能触及的空间范围。该范围由肢体的转动角度和肢体长度所组成，也称“作业域”。

由于活动范围在实际生活和工作中千差万别，而人们不可能对所有的情况都进行研究，所以只能考虑较为常见的情况。人们在工作时经常采取的姿态归纳起来基本可分为站、坐、跪、卧四种。人工作时的姿态不同，其作业域也不相同。常见的各种姿态的作业域如图3-9所示。

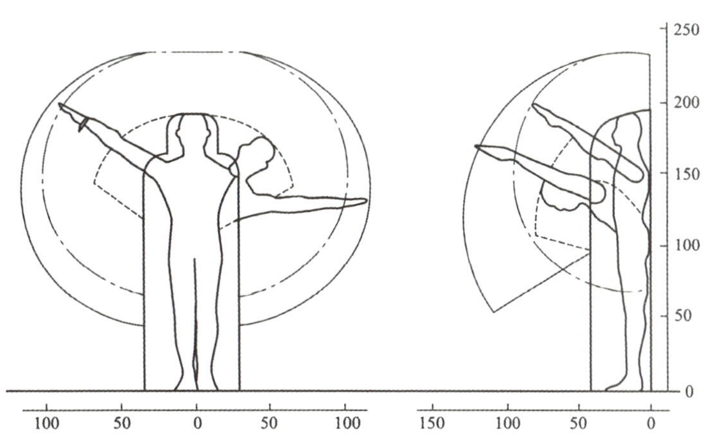

（a）立姿活动空间，包括上身及手臂的可及范围（男子，第95百分位）

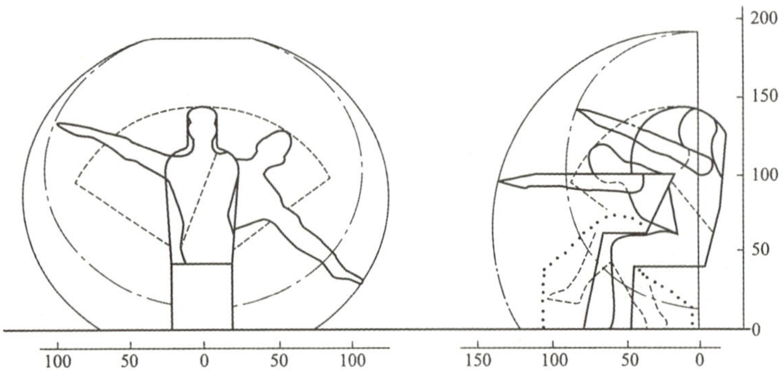

（b）坐姿活动空间，包括上身、手臂和腿的活动范围（男子，第95百分位）

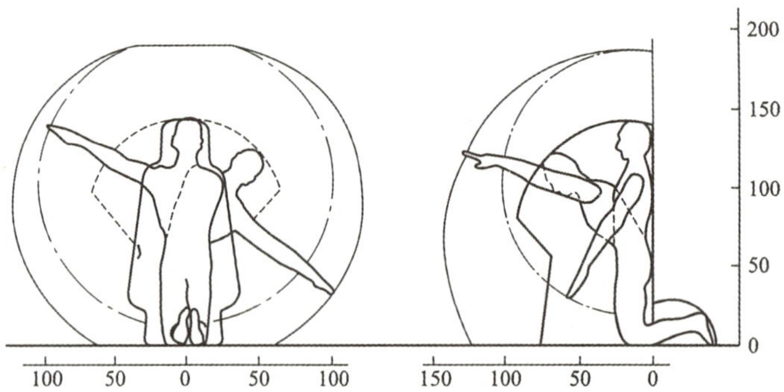

（c）单腿跪姿活动空间，包括上身及手臂的活动范围（男子，第95百分位）

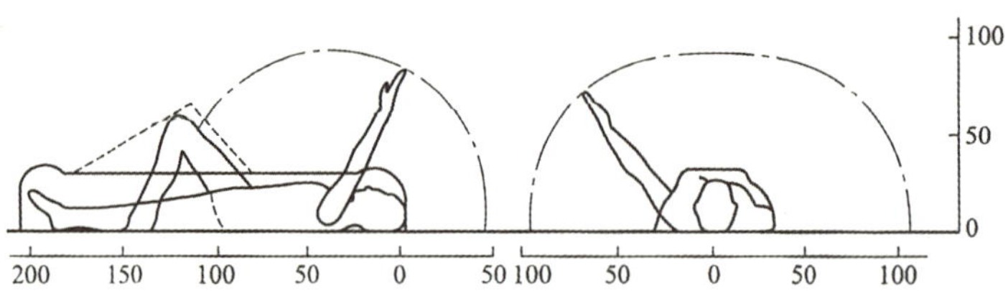

（d）仰卧姿势活动空间，包括手臂和腿的活动范围（男子，第95百分位）

图3-9　各种姿势的活动空间（单位：cm）

1．立姿活动空间

立姿时，人的活动空间取决于身体尺寸、保持身体平衡的动作及身体状态的放松。当脚站立平面不变时，为保持平衡，上身和手臂能达到的活动空间将受到限制。图3-9a为立姿活动空间，包括上身及手臂的活动范围。其中左图为正视图，零点位于正中矢状面上；右图为侧视图，零点在人体背点的切线上，位于该切线与站立平面的交点。

知识链接

矢状面是解剖学术语。将人体切分为左右两部分，左右切面就是矢状面（见图3-10）。而左右相等的切面被称为正中矢状面。

2. 坐姿活动空间

图3-9b为坐姿活动空间，包括上身、手臂及腿的活动范围。其中左图为正视图，零点位于正中矢状面上；右图为侧视图，零点在经过臀点的垂直线上，位于该垂直线与脚底平面的交点。

3. 单腿跪姿的活动空间

图3-9c为单腿跪姿活动空间，包括上身和手臂的活动范围。其中左图为正视图，零点位于正中矢状面上；右图为侧视图，零点在经过背点的切线上，位于该切线与跪平面的交点。

4. 仰卧姿的活动空间

图3-9d为仰卧姿活动空间，包括手臂和腿的活动范围。其中左图为正视图，零点位于正中矢状面上；右图为侧视图，零点在经过头顶的垂直切线上，位于该垂线与仰卧平面的交点。

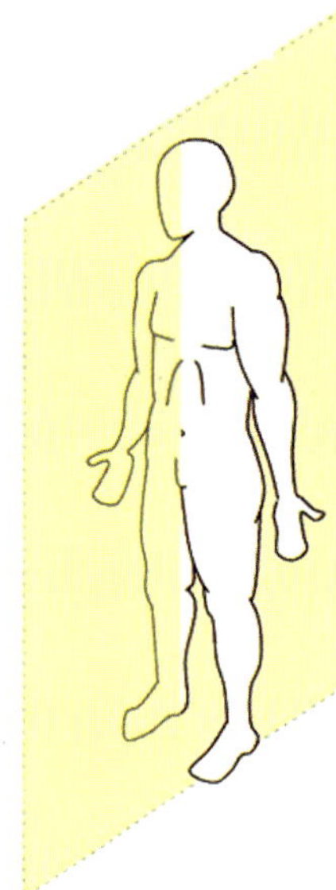

图3-10 人体的矢状面

（三）手和脚的作业域

在日常生活中，无论是在哪个功能空间，在站或坐的状态下，手和脚总是在一定的范围内做各种活动。手和脚在左右水平面和上下垂直面所形成的动作域，叫做手、脚的作业域，如图3-11所示。

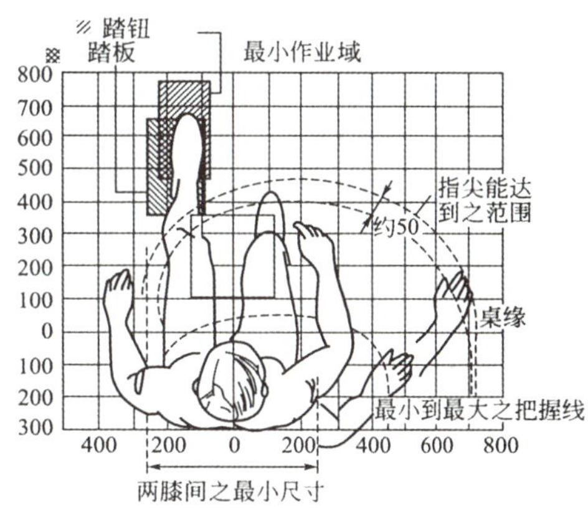

图3-11 手、脚的作业域（单位：mm）

1. 水平作业域

水平作业域是指人在工作台面上左右运动手臂形成的轨迹范围。水平作业域可分为最大作业域和通常作业域。

最大作业域是指以肩峰点为轴，人体上肢完全伸直做回转运动时所包括的范围，如图3-12中虚线所示。由图3-12可以看出，水平作业面的最大作业域在590 mm范围内。

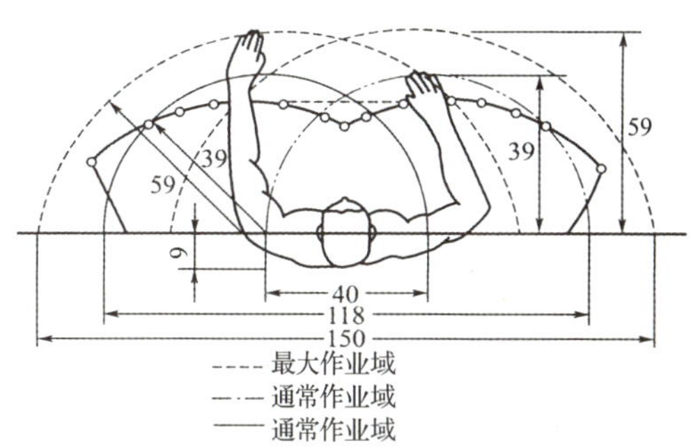

图3-12 手的水平作业域（单位：cm）

通常作业域是指以上臂靠近身体，并曲肘、前臂平伸做回转运动时所包括的范围，如图3-12所示。例如，书桌、键盘等手活动频繁的活动区域应在通常作业域内。由图3-12可以看出，通常作业域在390 mm范围内就可以满足手臂的通常活动。若从手臂的通常活动范围角度考虑，桌子的桌面在400 mm范围内就可以满足手臂的通常活动，但由于桌子上需要摆放各种用具，因此，实际的桌面要比该尺寸大得多。

提 示

人在工作时，经常使用的作业工具应配置在通常作业区域内，从属的作业工具应配置在最大作业区域内。

2. 垂直作业域

垂直作业域是指手臂在伸直的情况下，以肩关节为轴做上下运动所形成的范围。垂直作业域可分为坐姿作业域和站姿作业域。

坐姿作业通常是在作业面以上进行，随作业面高度、手偏离身体中线的距离及举手高度的不同，其作业舒适度范围也在发生着变化。图3-13为第5百分位的人体坐姿抓握尺寸范围。由该图可知，以肩关节为圆心的直臂抓握空间半径，男性为65 cm，女性为58 cm。直臂抓握尺寸范围对决定人在某一姿态时手臂触及的垂直范围有重要作用，如墙壁隔板、带有书架的桌子等都会用到该高度数值。设计直臂抓握的作业区时，应以第5百分位的人体尺寸为标准。

站姿作业一般允许作业者自由地移动身体，但其作业范围仍受到一定的限制。图3-14所示为站姿单臂作业的近身作业空间，以第5百分位的男性为基准，当物体高于地面110～165 cm，并且在身体中心左右46 cm时，是大部分人在站姿状态下手臂可达到的舒适范围。

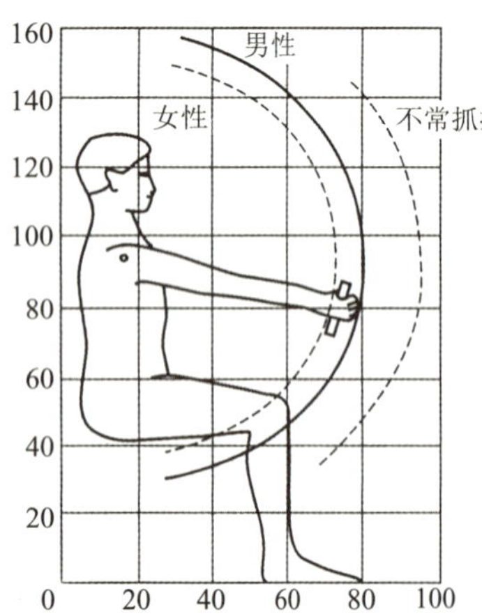

图3-13 第5百分位的人体坐姿抓握尺寸范围（单位：cm）

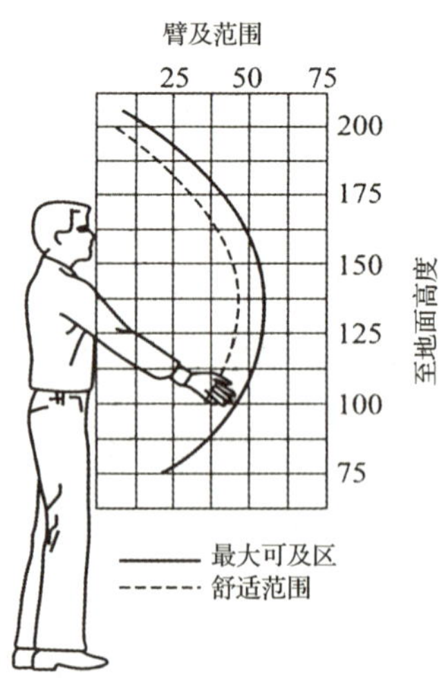

图3-14 第5百分位的人体站姿抓握尺寸范围（单位：cm）

例如，厨房空间的设计，不仅要考虑人体水平作业域，还应考虑人体垂直作业域。这样才能使人在使用厨房空间时，尽可能地避免手脚受到限制。

二、人体活动空间

在日常生活中，人并非总是保持一种姿势不变，而是时常变换姿势，且人体本身也随着活动需要而移动位置，这种姿势的变换和人体移动所占用的空间就构成了人体活动空间。

人体活动大致可分为手足活动、姿态变换和人体移动。相应地，人体活动空间可分为静态手足活动空间、姿态变换活动空间、人体移动活动空间，以及人移动物体或操作设备时的活动空间。

（一）静态手足活动空间

图3-15和3-16给出了人体在各种静态姿态下手足的活动空间。

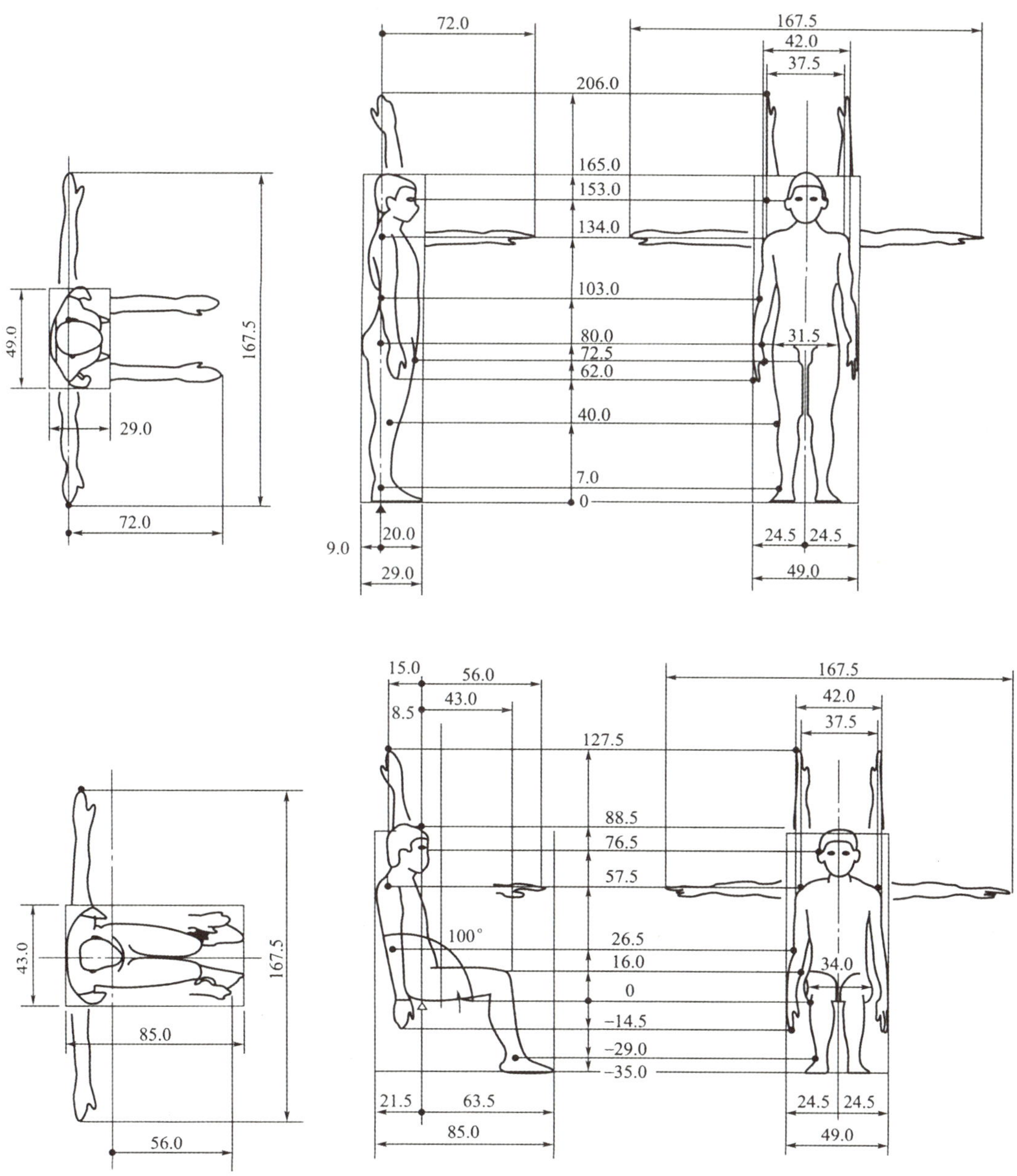

图3-15　立、坐姿态下手足的活动空间（单位：cm）

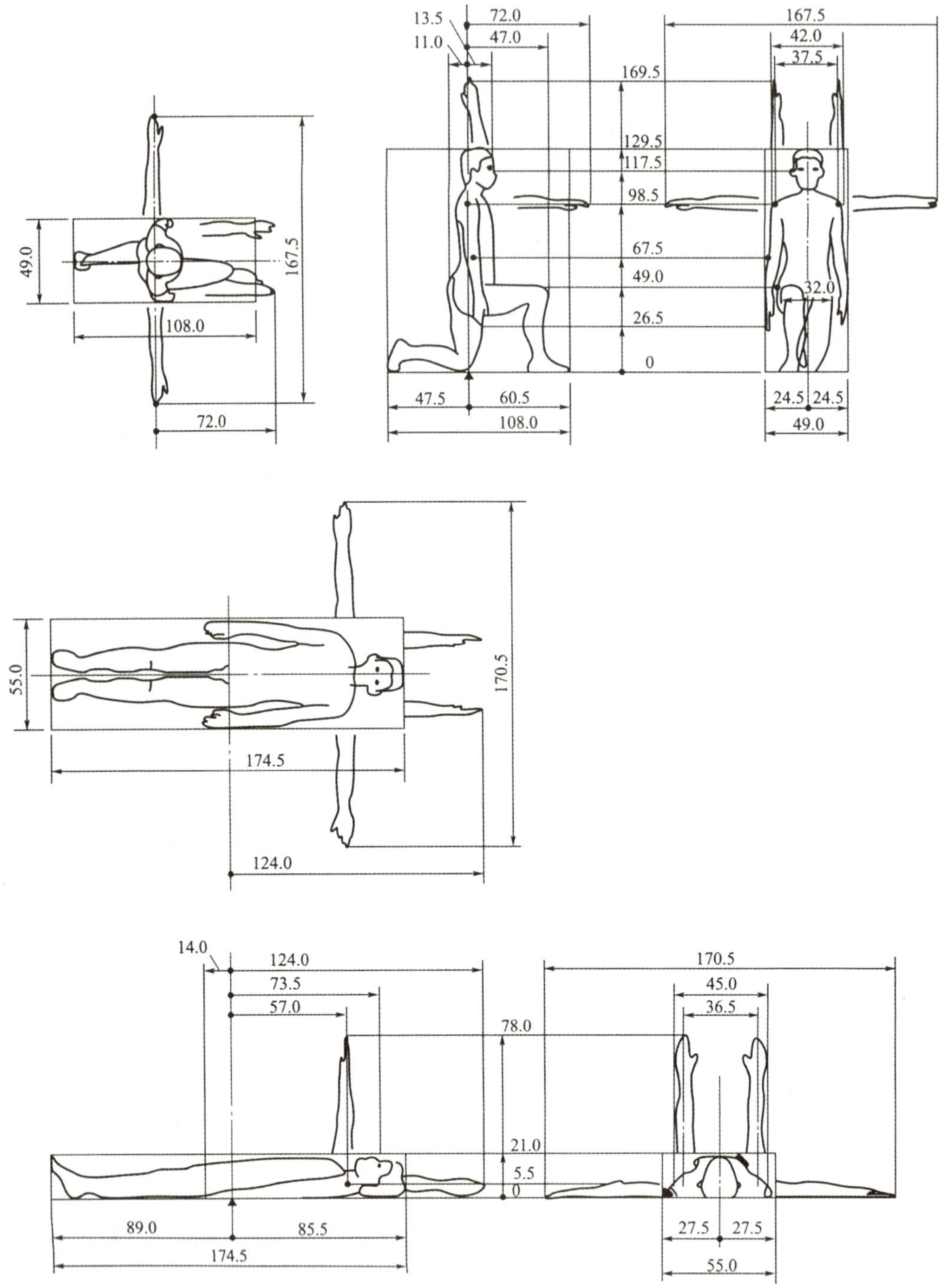

图3-16　跪、卧姿态手足的活动空间（单位：cm）

设计实例

家住上海的孙先生、蔡小姐一家七口人住在仅有43 m^{2}的一室一厅一卫房间内，由于住房面积小、人口多，这给他们一家人的生活带来了诸多不便。设计师在不改变房屋结构的前提下，在原来的一间房内放置了三个可变的胶囊房。在确定胶囊房尺寸时，设计师考虑了成人在卧姿状态下的手足活动空间，使胶囊房的空间足够宽敞；同时结合人体坐姿状态下的抓握尺寸，在胶囊房中添加了晾衣架，如图3-17所示。

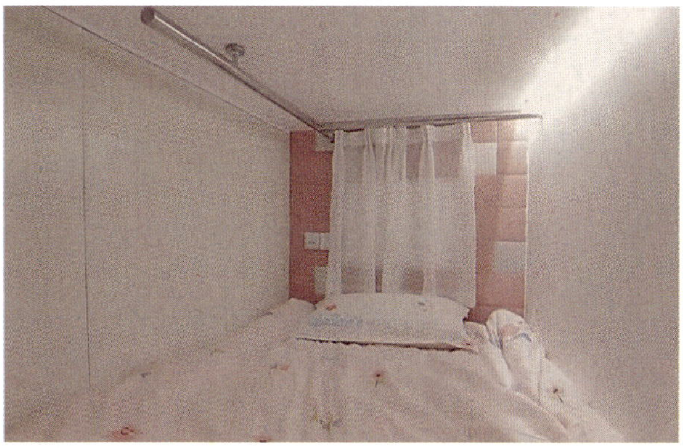

图3-17　胶囊房

（二）姿态变换活动空间

姿态的变换通常集中于立姿与其他姿态之间的变换。姿态变换所占用的空间并不一定等于姿态变换前占用的空间和姿态变换后占用的空间的重叠。这是因为人体在进行姿态变换时，由于力的平衡问题，会有其他的肢体伴随运动，因而占用的空间可能大于姿态变换前后所占用的空间的重叠。

例如，从跪坐到站立以及从休息椅上站起来时，姿态变换所占用的空间并不等于姿态变换前和姿态变换后占用空间的重叠，如图3-18所示。

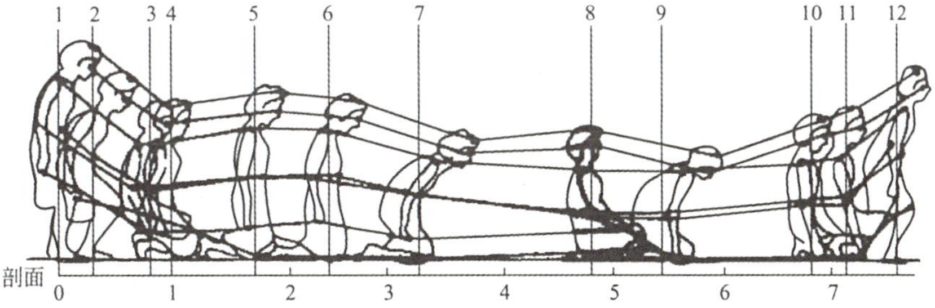

（a）站立—跪坐—站立动作

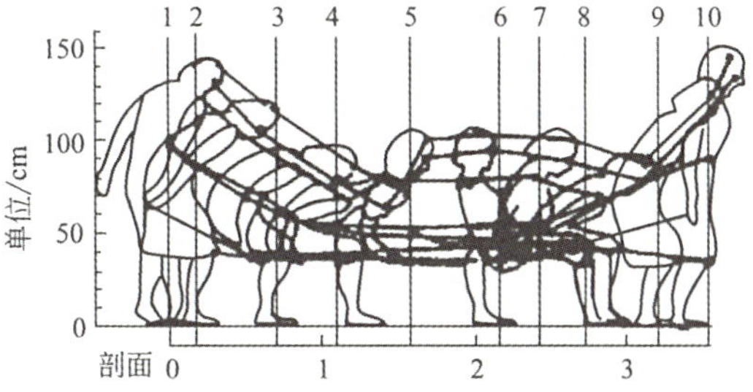

（b）站立—在椅子上坐下—站立动作

图3-18　姿态变换动作

图3-19给出了常见姿态变换所占用的活动空间。

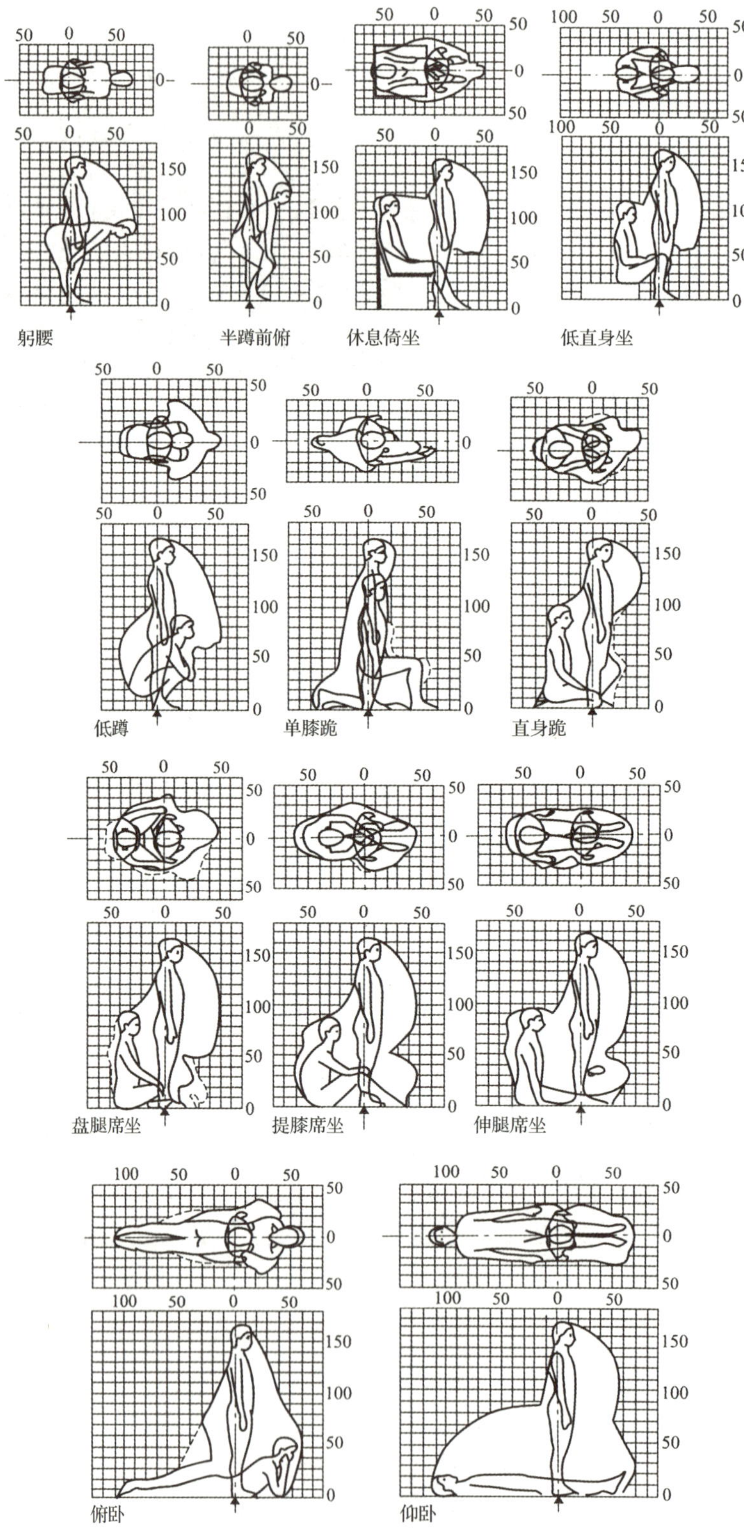

图3-19　常见姿态变换所占用的活动空间（单位：cm）

设计实例

设计师在卫生间面积仅有 3 m^2 的情况下，根据人体姿态变换时所需的活动空间，合理分区（洗漱区、淋浴区、马桶区），并将淋浴区与马桶区用通电玻璃隔开，不仅做到干湿分离，而且保证了使用时的私密性，从而使整个卫生间可同时满足多人使用。此外，卫生间内采用白色与灰绿色搭配，扩大了视觉效果，使空间看起来更加通透、明亮。

合理规划卫生间

（三）人体移动活动空间

人体移动是一个连续的运动过程。测量人体移动所占用的空间时不仅要考虑人体本身占用的空间，还应考虑连续运动过程中由于运动所必须进行的肢体摆动或身体回旋所需的空间。例如，室内空间走道的设计，不仅要考虑人体自身的宽度和人体走动时身体摆动的空间，还应考虑该走道空间可同时容纳多人通过的空间范围。图3-20所示为人体移动时所占用的空间。

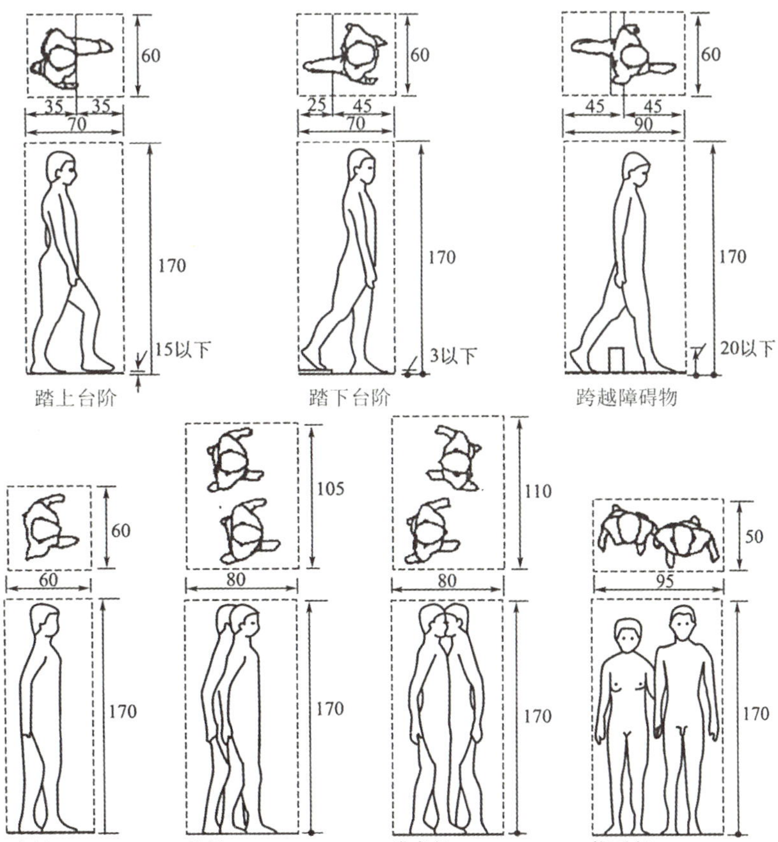

图3-20 人体移动时所占用的空间（单位：cm）

（四）人移动物体或操作设备时的活动空间

人在室内进行各种活动时，很多情况下要与一定的物体发生联系。人与物体间的相互作用所需要的活动空间可能大于或小于人与物各自空间之和。所以，人与物体所占用的空间大小要根据人的活动方式及人与物体相互间的影响方式来决定。

例如，家具或设备的使用需要一定的操作空间（见图3-21），同时，家具与设备部件的移动会产生额外的空间需求（见图3-22）。另外，有些生活用品的使用方式比较特殊，使用时必须占用一定的额外空间，如家庭影音设备等，如图3-23和图3-24所示。

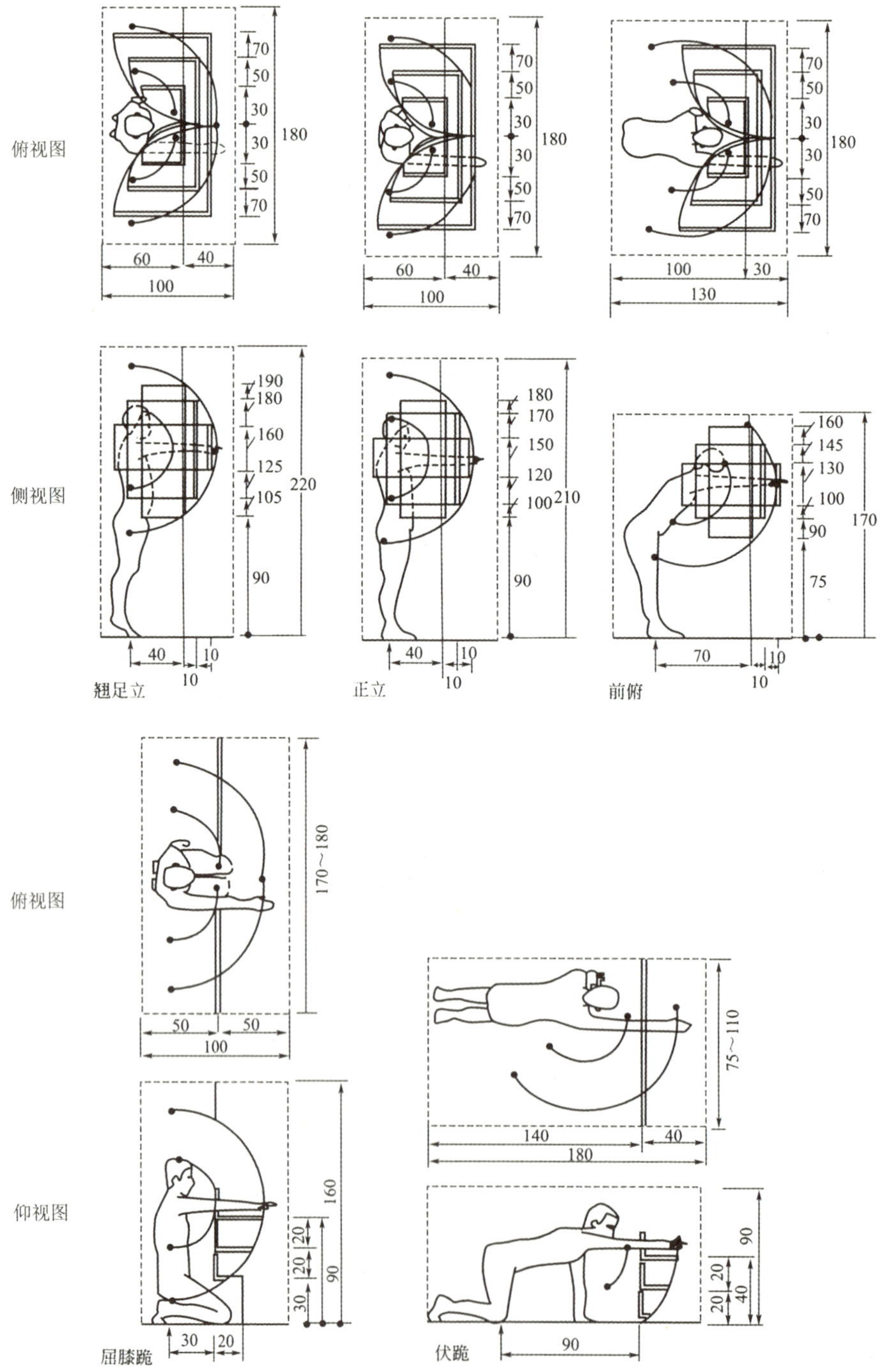

图3-21　人移动物体或操作设备时的活动空间需求示例（一）（单位：cm）

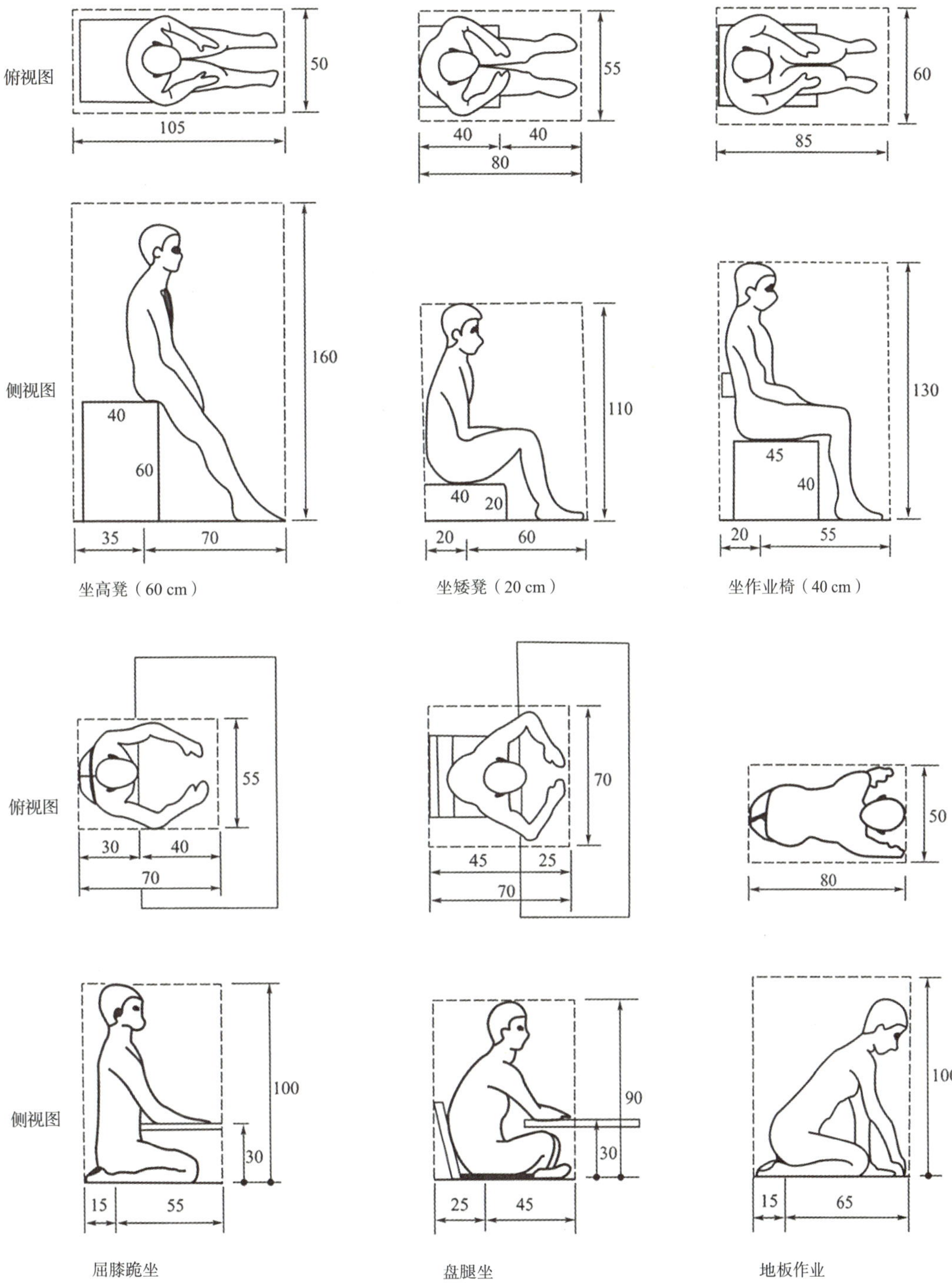

图3-22　人移动物体或操作设备时的活动空间需求示例（二）（单位：cm）

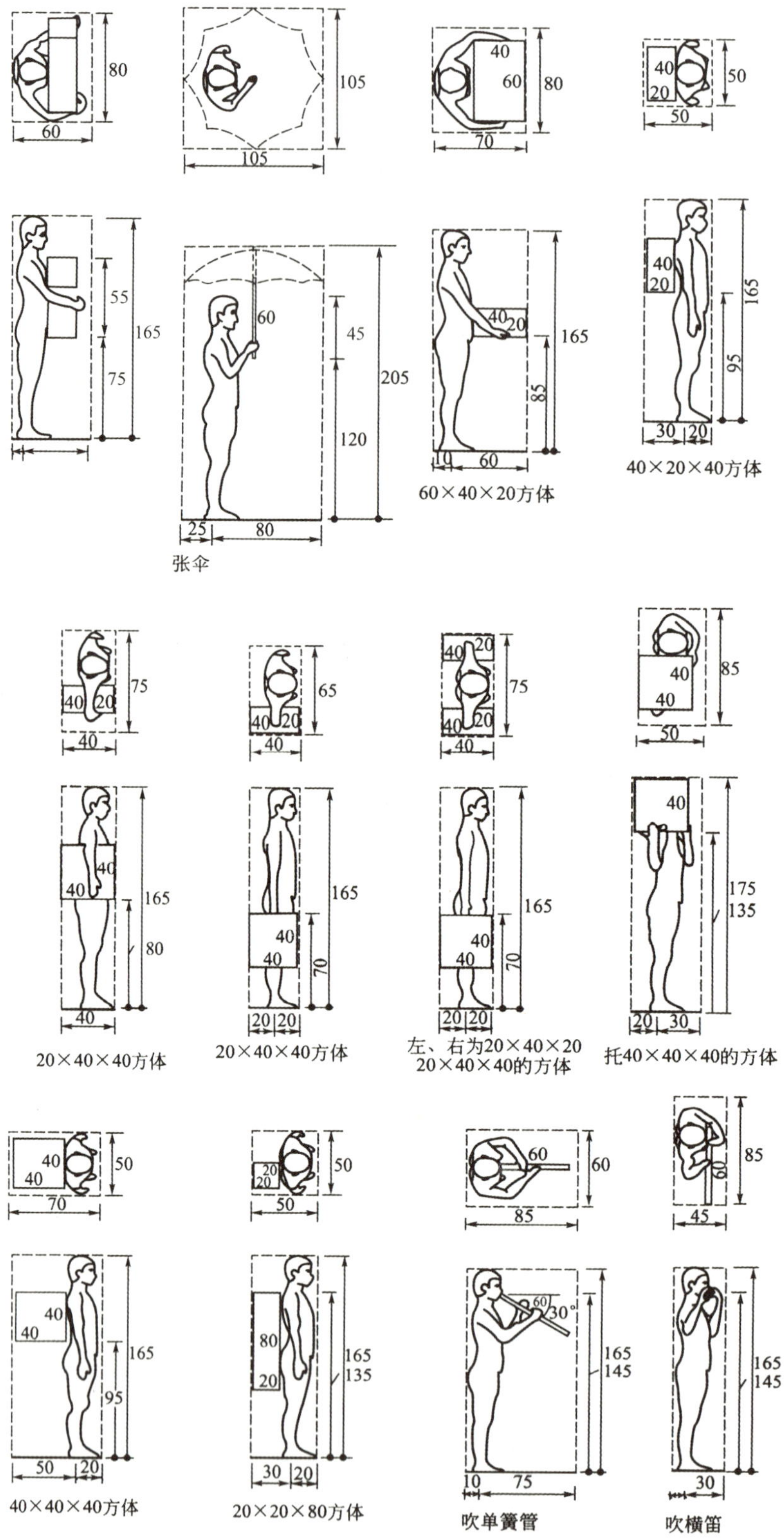

图3-23　特殊使用方式产生额外的空间需求示例（一）（单位：cm）

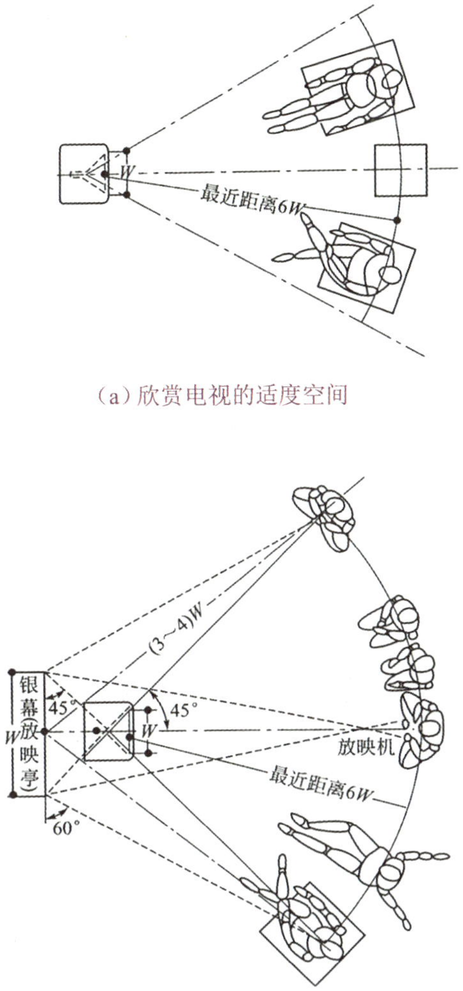

（a）欣赏电视的适度空间

（b）多人欣赏电视的适度空间

图3-24　特殊使用方式产生额外的空间需求示例（二）（单位：cm）

思考题

1．简述静态肌肉施力的主要危害。

2．简述手和脚的作业域。

3．人体活动空间由哪几部分组成？

自信中国

拔步床——中国工匠的巧思妙想

拔步床是中国传统家具中形制最大的一种床，做工精致、华丽，结构较为复杂，整体形态像是在一个平台上搭建的小房间，如图3-25所示。拔步床最显著的的特点就是床前有相对独立的活动范围，床内的构造根据造型可分为两进、三进或是多进的层层浅廊，类似于“房中房、室中室”。

拔步床创造出一个相对独立的空间，在设计上，遵循了“以人为本”的设计理念，非常人性化，工匠们充分考虑到人的身体尺寸、形体特征、肢体活动空间和人体活动空间，迎合并满足了使用者的需求，使用者可以按照意愿在廊内放置物品或小型生活器具、家具，可以大大提高睡眠空间的舒适度，增强隐私安全性。

图3-25　拔步床

第四章

环境心理学与室内空间环境设计

学习目标

1. 了解室内空间环境中人的常见心理与行为。
2. 了解室内空间环境中人的行为模式。
3. 了解人的环境认知对室内空间环境设计的影响。

思政目标

1. 培养关注人的心理与行为的设计师意识，提高职业素养。
2. 培养节能、绿色、可持续发展的设计理念。

学习要点

1. 掌握人的常见心理与行为在空间环境中的应用。
2. 掌握人的行为模式在室内空间环境中的应用。
3. 掌握空间形态、光线、色彩、材料给人的心理感受及设计应用。

第一节

环境心理学与室内空间环境概述

一、环境心理学的概念

环境心理学又称人类生态学或生态心理学，是研究环境与人的心理和行为之间关系的一个专门学科，它隶属于应用社会心理学领域。环境心理学主要从心理和行为的角度探讨人与环境的关系，这里所说的环境虽然也包括社会环境，但主要是指物理环境，如噪音、拥挤、空气质量、个人空间等。

提　示

应用社会心理学是运用社会心理学的理论和方法，研究与解决现实生活中各种社会问题的社会心理学分支。

二、环境心理学在室内空间环境设计中的应用

（一）室内空间环境设计应符合人的心理活动和行为特征

在室内空间环境中，人对不同类型的空间环境有着不同的心理活动和行为特征。这就要求室内空间环境设计应满足人在空间环境中所具有的心理和行为。例如，办公空间设计不仅要满足人工作的需求，还要在空间组织、交通流线、私密性等方面符合人的心理活动与行为特征。

（二）室内空间环境设计应符合人对环境的认知要求

在室内空间环境中，不同的空间环境会给人带来不同的心理感受。人在环境中接收最初刺激的是感觉器官，评价环境或做出行为反应判断的是大脑。由此可见，人对环境的认知是由感觉器官和大脑一起进行的。因此，根据人对环境的认知，设计人员可以确定空间范围、形态，选择光照、色调和材质等，进而营造出符合人心理感受的空间环境效果。

第二节 人的心理和行为与室内空间环境

一、人在室内空间环境中的心理与行为

（一）人在室内空间环境中的常见心理

人在室内环境中，其心理尽管有个体之间的差异，但从总体上分析仍具有共同性，仍具有以相同或类似方式做出反应的特点。这正是环境心理学指导室内设计的基础。在室内空间环境中，人的常见心理有以下几类。

1. 向光性

当人们走进卖场时，首先看到的是光亮度最强的物品。同样，当人们走进室内空间时，首先看到的也是亮光下的家具或物品。造成该现象的原因是人具有“注意”的心理特性，因为亮光下的物体的刺激强度较大，特别是光亮度不断变化下的物体，更容易引起人们的注意，从而产生高度的指向性和集中性，这就是人的向光性心理。向光性是人的本能和重要的视觉特性。

人的向光性特点对于室内设计尤为重要。例如，在室内环境安全设计中，由于光亮容易引起人们的注意，则可在安全出入口处设置灯光作为导向指引，从而起到安全提示作用。又如，在商业橱窗和室内装饰设计中，可利用灯光美化商品（见图4-1）、突出装饰品（见图4-2），从而引起

人们的注意，进而达到宣传商品、美化环境的效果。

图4-1　利用灯光美化商品

图4-2　借助灯光突出装饰品

2. 领域

领域是指个体、家庭或其他群体所占据的，不让其他成员侵入的空间范围。这种范围可以是个人座位或一间房子，也可以是一座大楼，甚至是一片区域。

人对空间的占有和支配，是本能行为，也是人在生活中的需要。例如，若两名同学住在同一房间内，则该房间将会被分成两个大致相等的空间范围，两名同学的个人物品也会放在各自的区域内。

各自领域不受打扰的办公空间

关于领域的研究，对室内设计具有重要指导意义。人在室内环境中进行各种活动时，总是希望不被外界干扰或妨碍，而且不同的活动有其必需的生理和心理范围，这就是人在室内环境中所表现出的领域性。同时，这也就要求设计人员要合理确定个人领域的大小，以保障人们在室内空间中的正常活动。

例如，不同部门的员工同在一个开敞式空间内办公，则该空间会因各部门工作的不同被分成若干大小的区域，使每个部门都有自己的领域。同时，这些区域还会通过保护性的边界标志（如虚实墙体、隔断、标记、绿化等）来表明、控制其领域并使其不被妨碍。如图4-3和图4-4所示，该办公空间将不同工作内容的办公区域设计成造型各异的小屋，从而使得办公环境既生动活泼，又能保障各领域内的办公活动。

图4-3　木屋材质办公空间

图4-4　镜面玻璃材质办公空间

3. 个人空间

个人空间是指直接存在于个体周围的空间。每个人都有自己的个人空间，个人空间具有看不见的边界，在边界以内不允许“他人”进入。个人空间可以随着人移动，也可以根据环境变化而灵活地伸缩。个人空间是个体活动和生存的基础，它受到侵犯和干扰时，个体会产生焦虑与不安。它与领域的不同之处在于，它是人生理和心理上所需要的最小空间。

影响个人空间的主要因素有：① 个人因素，如年龄、性别、文化、社会地位等；② 人际因素，如人与人之间的亲密程度；③ 环境因素，如活动的性质、场所的私密性等。

在室内环境中，个人空间常需要从人际交流、与人接触时所需的距离等综合考虑。人与人之间的人际距离根据不同的接触对象、不同的场合也会各有差异。

人类学家赫尔根据人际关系的密切程度、行为特征等特性把人际距离分为了四种，即亲密距离、个人距离、社会距离和公众距离。

（1）亲密距离（0～0.5 m）

该距离是一种表达温柔、亲密、爱抚等强烈感情的距离，通常用于父母与子女之间、恋人之间，在此距离上人们可感受到彼此的呼吸、体温等。

（2）个体距离（0.45～1.2 m）

该距离一般用于朋友或关系较好的个人之间，在该距离下，人们可以彼此感知大量的体语信息。家庭餐桌上的人际距离就属于这个范畴。

（3）社交距离（1.2～3.5 m）

该距离是指参加社会活动时人与人之间所保持的距离，一般用于不相识或不熟悉的人之间，如顾客与售货员之间、医生与患者之间等。

（4）公众距离（>3.5 m）

该距离多指公众场合人与人之间所保持的距离，如演讲者与听众之间、课堂上教师与学生之间等。

个人空间的特点对室内空间和室内环境设计具有较大的指导意义。例如，公共餐厅、图书馆、会议室等空间都需根据人对个人空间的需求来确定相邻座位间的距离，以达到人们“心理舒适”的状态。由此可见，人的心理因素对个人空间影响较大。如何掌握这一“心理空间”尺度，就要求设计人员要对人和环境有充分的了解，并合理、科学地处理好各种关系，因人、因时、因事、因地确定个人空间的大小。

4. 私密性

私密性是指个体有选择地控制他人或群体接近自己，它是个人或群体控制自身与他人在什么时候、以什么方式、在什么程度上相互沟通的一种方式。日常生活中的私密性主要表现为：人们控制一定的区域来保证个人在某种程度上与外界的隔绝。

拓展阅读

私密性有四种基本形式：独处、亲密、匿名、保留。

（1）独处是指单独一个人，远离他人、不受干扰的状态。这是最常见的私密性状态。

（2）亲密是指两个人或几个人相处时，不愿受到他人干扰的行为状态。

（3）匿名是指个人在人群中不求闻达、隐姓埋名的倾向。

（4）保留是指对某些事物加以隐瞒和不表露态度的倾向。

私密性在居住空间中尤为重要。在居住空间内，私密性主要是指视线、声音等方面的隔绝要求。例如，居住空间应合理布局，使空间内外分区、动静分区，减少不必要的过往人流的干扰，从而降低空间内环境噪声；还可以设置半门、屏风、影壁等屏障物，有效阻断他人的视线，以保护个人或家庭的隐私。

设计实例

在住宅空间中，“玄关”的设计就体现了人对私密性的要求。“玄关”这一空间不仅具有可在此更衣、换鞋的功能，而且还是室内外的过渡空间，起到分隔公、私领域的作用。

另外，当今企业的办公空间一般都是开敞式大空间，这种空间形式适合工作人员之间的相互沟通，且可形成高效的工作氛围。但是，在涉及工作人员个人的具体工作空间时，就要考虑其对空间私密性的要求，其设计是否合理直接影响员工的工作效率。

有鉴于此，在办公空间设计中，利用不同形式的挡板将相邻办公桌进行分隔，既能有效避免员工相互之间产生干扰，影响工作效率，又不阻碍工作中的沟通，便于交流。

设计实例

如图4-5所示，该工作桌隔断样式为员工提供了一个相对独立的办公空间，从而最大程度上保证了员工工作时的私密性。

如图4-6所示，该工作桌采用屏风样式的隔断，同时还可根据工作需要调节隔断高度。这样的设计不仅便捷实用，也使得整个办公环境更具个性。

图4-5　私密性较强的办公桌隔断形式

图4-6　可根据需求调节高度的隔断

（二）人在室内空间环境中的常见行为

人在日常生活中，常常带有各自的行为习性。所谓习性就是人所表现出的某种习惯，久而久之，习惯成为自然状态。由于人类拥有相同的人体结构，因此，人类也就拥有很多相同或相似的行为习性。概括起来，人类常见的行为习性主要有以下几种。

1. 右侧通行与左转弯

（1）右侧通行

右侧通行是指在没有干扰的交通流线上，人会自然而然地靠右侧通行。人的这种行为习性对商场的商品陈设、展厅的展品布置有着极大的参考价值。

（2）左转弯

左转弯习性同右侧通行习性一样，也是人类共有的行为习性，图4-7为某展厅内人的行为走向。这种现象对室内楼梯位置和疏散口的设置及展厅展线布置等均有指导意义。

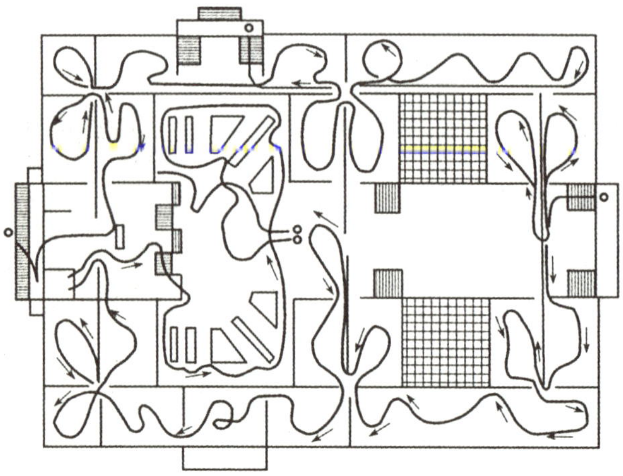

图4-7　某展厅内人的左转弯习性

总之，空间布局和流线安排尊重人的右侧通行与左转弯的行为特性，有助于提高室内空间的功能利用率。

2. 捷径效应

捷径效应是指人在穿过某一空间时，总是选择最便捷的路线，即使周围有其他的阻挡因素亦是如此。日常生活中，我们经常会看到这样的情况，某一片草地，即使在周围设置了简单路障，也会被人们穿过，久而久之便形成了一条人行便道，如图4-8所示。

在室内空间中，人们常会因室内出入口位置的设计不当或家具布置不合适，要绕道行走，而产生烦恼。由此可见，在进行室内设计时，设计人员应尊重人的这一行为习性，并加以利用，合理规划空间的布局与流线。

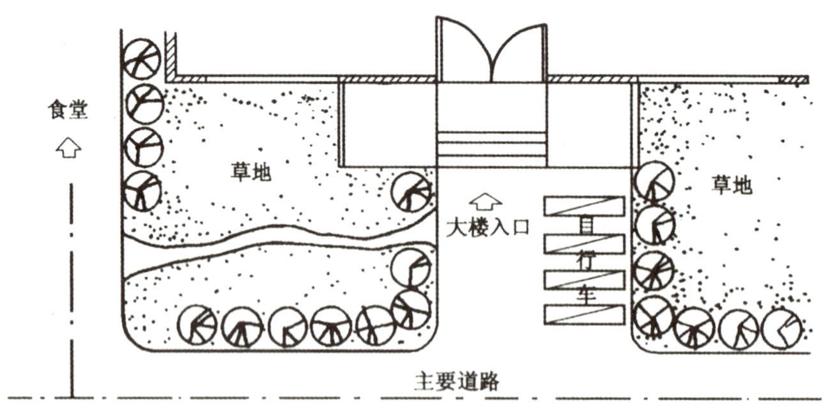

图4-8　人的捷径行为

设计实例

某灯具卖场展台的设计搭建，不仅在视觉效果上给人以冲击、震撼和强烈的刺激感，并且在展厅路线的规划上，合理应用人体工程学知识，按照人体右侧通行与左转弯的行为习性合理分布。同时，展厅内还设置了多条便道，方便人们穿过，如图4-9所示。

图4-9　某灯具卖场展厅路线设计

3. 识途性

识途性是指当人们不熟悉某一路线时，总是在摸索的过程中到达目的地，而在返回时，为了安全又按照来时的路线返回的本能。一般情况下，人在慌乱时容易表现出识途性行为。因此，在对室内空间出入口进行设计时，应考虑人识途性的本能，在出入口处标明疏散口的方向或位置，便于人们明确方向。

4. 从众习性

在公共场所发生紧急危险情况时，人们往往会盲目地跟从人群跑动的方向而逃生，这就是人的从众习性。在这个过程中，人们不管人群跑动的方向是否是安全疏散口，也无心注意引导标识及文字内容。

从众习性对室内安全设计有着较大的影响。若室内发生险情或者有异常情况时，如何使首先发现者保持冷静是极为重要的。由于人还有向光性的本能和躲避危险的本能，因此可采取闪烁照明的方式来指明安全疏散口，或者可用声音的传播通知并指导人员安全疏散。

5. 聚集效应

聚集效应是指在空间内，人们会自动向某一地方聚集的行为。通常，人的这一行为习性是由人的好奇心引起的。人的这一行为习性常用于商业空间设计及展厅设计中。例如，在某化妆品柜台前，商家聘请外国模特来吸引顾客，以造成人群聚集现象，从而促进销售。

二、人的行为模式在室内空间环境设计中的应用

人的行为模式是指将人在环境中的行为特性进行总结和概括，并将其规律模式化。对人的行为模式的研究为室内设计提供了重要的理论依据和方法。

人的行为模式从内容上分，可分为秩序模式、流动模式、分布模式和状态模式。

（一）秩序模式

秩序模式是指人在空间中所进行的每一项活动都有一定的规律性，它通常用图表来记述。例如，人在厨房中的炊事行为，如果用秩序模式图表来记述，其结果如图4-10所示。由图4-10可知，“拣切”“清洗”“配菜”“烧煮”这几种行为是有其特定秩序的，不可颠倒或打乱其顺序。根据这一模式，就要求在进行厨房空间设计时，每一步炊事行为相对应的空间部分的安排，即操作台、清洗槽、灶台等设备的布置应遵照炊事行为的秩序，以满足人的使用要求。根据炊事行为的秩序模式，可得到相应的空间位置的分布，即空间流程图，如图4-11所示。

图4-10　厨房中的炊事行为秩序模式图

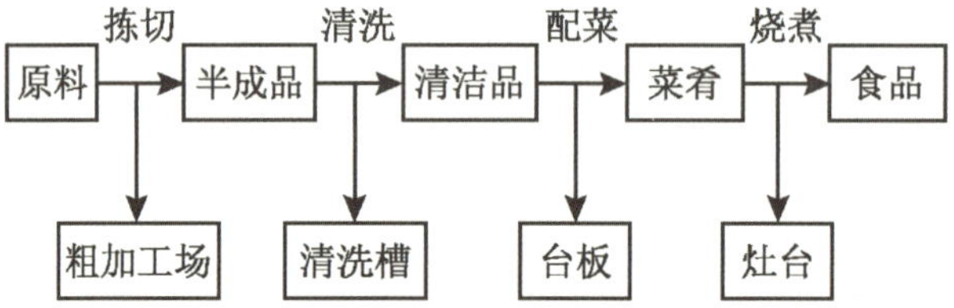

图4-11　厨房中的炊事行为空间流程图

从室内设计的角度来看，对人的行为模式中秩序模式的研究，为室内各功能空间的布置提供了基础的理论依据。

想一想

人在商场中的购物行为有哪些？请根据这些购物行为，画出空间流程图。

（二）流动模式

流动模式是指将人的流动行为的空间轨迹模式化。这种轨迹不仅表现出人的空间状态的移动，而且反映了行为过程中的时间变化。

例如，对身处起居室的人的流动行为轨迹进行观察、统计，发现人们去餐厅的次数最多，占60%。该数据反映了两个空间之间的密切程度，也为空间的规划提供了理论依据。由此可见，在规划室内空间布局时，应使餐厅的位置靠近起居室。

（三）分布模式

分布模式是指按照时间顺序连续观察人在环境中的行为，并画出一个时间面，将人们所在的二维空间位置坐标进行模式化。这种模式主要用来研究人在某一时空中的行为密集度，进而科学地确定该空间尺度。

分布模式的观察研究为确定室内空间尺度提供了依据。在进行室内设计时，需要充分了解人行为模式中的分布模式，以此作为确定空间尺度、形状和布局的重要参考。

（四）状态模式

前面几种行为模式所记述的行为，都是客观的可以观察的行为空间的移动或定位。但人的行为状态还会涉及人生理和心理作用所引起的行为表现，同时又包含客观环境作用所引起的行为表现，这正是状态模式所要研究的内容。

在不同功能的室内空间中，人们都有一定的状态模式，且这种状态模式会因人的生理、心理及客观变化的不同而不同。因此，在进行室内设计时，应全面综合考虑某种室内空间中的人的各种状态模式，从而有的放矢地进行设计。

例如，在餐饮空间中，人们进入餐厅的生理和心理状态有以下几种可能：一是因饥饿需要填饱肚子；二是受餐厅美食的诱导；三是为了社交活动而进入。这几种不同的生理和心理作用所引起的行为状态的变化是不同的。第一种，人因饥饿而去餐厅，其进餐行为就会比较迅速，表现为用餐时间较短，对餐厅环境的选择也没有较高的要求。相反，人为了美食或社交需要而去餐厅，则进餐行为表现为用餐时间较长，且对餐厅环境要求较高。这种状态的差别，对室内设计具有指导意义。

就餐厅而言，每一个餐厅都应根据要满足哪种状态模式的顾客来确定餐厅的类型、档次及风格。餐厅若仅仅是为了满足顾客“吃”的需要，则室内环境设计应以简单、干净、朴素为主，家具的摆放应符合人体尺度并应尽量多设置座位；若是为了满足美食享受及社交的需要，则餐厅的空间环境设计应营造出一定的氛围与情调，甚至是创造出独特的风格与内涵，以满足形、色、光、质等综合设计要求。

拓展阅读

商场内的购物行为及布局设计

顾客在商场内的购物行为所表现的状态形形色色。若是有目的的购物，人们的行为状态是迅速地寻找有关商品，其特点是时间短、变化快；相反，如果是潜在性购物或是闲逛，则人们的行为状态就比较缓慢，购物时间就较长，状态变化也较慢。因此，商场的空间环境设计应采用不同的方法来吸引顾客。

设计师小张在对某一商场进行设计时，除了用橱窗直接展示商品、在入口处标明商品的分布情况以供有目的的购物者快速明确地选购外，同时，还在商场内增加休闲区域，如小茶座、休息等候区等，以方便其他顾客逗留并吸引潜在购物者来购物。

虽然室内空间环境设计要考虑各种因素，但人的行为是一个重要的因素，它体现了“以人为本”的基本观点。从对人的行为模式的研究可以看出，人在各类型空间中的活动都有一定的规律，并且这些规律制约、影响着室内空间环境设计的诸多内容，如空间的布局、空间的尺度和空间的形态等。因此，室内设计人员应该全面、综合地了解这些行为规律并将其运用到相关内容的设计中去，以创造出合理的满足人们需求的室内空间环境。

第三节

人的环境认知与室内空间环境设计

人们对环境的基本态度决定了人们对环境的知觉、认识和评价。因此，设计人员应依靠人认知环境的种种表现，为室内空间确定空间形态、光环境、色彩环境、声环境等。

一、空间形态给人的心理感受及空间形态的调节方法

（一）典型空间形态给人的心理感受

空间形态是指室内空间各个界面所限定的空间范围，不同的空间形态给人不同的心理感受，之所以能够产生不同的心理感受，其原因是各种空间形态有着不同的特点。

常见的空间形态有以下几种。

1. 矩形空间

矩形空间是一种最常见的空间形态，它较容易与建筑结构形式相协调。矩形空间有着较强的方向性，易给人以稳定感，一般用于居住空间、教室、办公室等室内空间。

2. 圆拱形空间

常见的圆拱形空间形态有两种：一种是圆球形，即底面为圆形，顶面为圆弧形（见图4-12），该空间形态给人以稳定、安全和集中的感觉；另一种是矩形平面拱形顶，即底面为矩形，顶面为圆弧形，这种空间形态给人以丰满和圆润感，其空间水平方向性较强，拱形顶给人以稳定感和开阔感。

图4-12　圆球形空间形态给人以稳定、安全和集中感

3．自由形空间

自由形空间是指空间平面、剖面、立面形式多变且不稳定，自由又复杂，没有规律可循。这种空间形态易使人产生自由、神秘的感觉。如图4-13所示，室内不规则矮墙式的隔断，将空间分隔为两个区域，不仅保证了空间的私密性，而且还增强了空间的神秘感和趣味感。

图4-13　利用矮墙分隔空间，营造空间环境的神秘感

4. 折线形空间

折线形空间是指空间界面为三角形、六边形或多边形的空间。如图4-14所示，多边形围合而成空间，易给人一种强烈的方向指示，并在水平基面上有一种扩张的感觉，而在纵向上易给人一种提升的感觉。

图4-14 多边形围合而成的空间

（二）空间形态的调节方法

在室内空间中，不同的界面处理手法（如运用线条、形状、光线、颜色、结构等方式）会产生不同的空间尺度感。因此，在进行空间设计时，可利用人的视觉特性对空间界面进行设计与调节。

常用的室内空间调节方法有以下几种。

1. 形成大与小的对比

当室内空间净高较低时，可采用较矮小的家具、设备和装饰构件来衬托出较大的空间。如图4-15所示，低矮的沙发、茶几与电视柜，在视觉效果上延伸了背景墙的高度，使空间显得更为开阔。

图4-15　家具与背景墙的高低对比

2．局部划大为小

当室内空间某一区域的面积较小时，可选用小尺寸的地板拼装地面，并尽量少占用地面面积，以衬托出空间宽阔感。

3．色彩和图案的调节

不同的色彩和图案会给人们不同的心理感受，从而起到调节空间的作用。例如，当室内空间较小时，室内墙面、地面可采用同一色调（如冷色调的颜色），使空间显得比实际大一些。相反，当室内空间较大时，可选用靓丽的颜色进行搭配以活跃空间氛围和减少空间的空旷感，如图4-16所示。

图4-16　使用靓丽的颜色减少空间的空旷感

此外，大尺度的图案会使空间有缩小的感觉；反之，小尺度的图案会使空间感增大。因此，在选用墙面壁纸、印花织物时可根据空间具体情况考虑图案的样式。

设计实例

如图4-17所示，该空间厨房墙面与地面均采用马赛克材质，不仅在视觉效果上扩大了空间感，而且金色的马赛克材质给人一种神秘的高贵气质。

图4-17　马赛克图案对空间尺度的调节

4. 线条的分隔调节

在面积相同的空间中，界面采用横竖不同的线条分隔会给人不同的感觉。采用垂直方向的竖线条分隔界面会使空间显得紧缩和高大；采用水平方向的横线条分隔界面会使空间显得开阔并降低空间高度。当同时采用水平线条和垂直线条划分界面时，所形成的方格比例也会对空间的总体感觉产生“暗示”作用。例如，在卫生间中，采用长方形瓷砖装饰墙面时，横向布局给人以视野开阔的感觉。

5. 空间延伸的处理

在室内空间中，可采用天窗、落地窗的形式，或将顶棚与墙壁交界处设计为圆弧形，从而让人产生空间延伸的感觉。此外，也可利用镜子、静物画（见图4-18）等来让人产生空间延伸的错觉。

图4-18 静物画给人空间延伸的感觉

二、光线给人的心理感受与室内光线设计

（一）光线给人的心理感受

室内光线来源主要有自然光和人工照明两种。

1. 自然光线

作为光环境设计中最具有表现力的元素之一，自然光越来越受到人们的重视。充分利用自然光不仅可以节约能源，而且可使人们在视觉上更为习惯和舒适，心理上更能亲近自然（见图4-19）。此外，自然光是运动的，而室内环境是静止的，这样，流动的自然光就为室内环境带来了动感，可使居于室内的人们感受时间的流逝和变化。

图4-19 天然采光给人舒适感

精彩案例

日本著名建筑师安藤忠雄是一位善于运用光线的大师。在他20余年的建筑实践中，一直致力于在作品中表现最基本的自然要素——光。

光之教堂是安藤忠雄的成名代表作。他用厚重的混凝土材料营造出一个近乎黑暗的空间，而室内采光部分只有教堂前的十字形开口，以及墙体夹角处所渗入的天光（见图4-20）。这样就使得教堂前的十字形开口在近乎全黑的空间内变得十分明亮。同时，十字形光给人以神圣、清澈、纯净、震撼等感觉。此外，墙体夹角的设计不仅满足了采光需求，而且光影的变化还暗示着时间的变化。

小筱（xiǎo）邸住宅也是安藤忠雄光与空间环境完美交融的代表作。设计师沿着建筑墙面或顶面设计了不同的进光口，且室内墙面不做任何修饰。这样，光线从外部渗入室内，在室内空间的墙壁上投下影子（见图4-21）。每一天的不同时刻，室内的光影都在无声无息地变化，人们也由此感知日、月的运动和时间的轮回。

图4-20　光之教堂

图4-21　小筱邸住宅

2. 人工照明

人工照明是指利用人造光源的特性，通过灯具的分布设计，形成特定的人工光环境。人工照明相对稳定，没有自然光那样富有变化，但这也正是人工照明的优势，即它可以根据人的特定需要而设定。

人工照明的光线在一定的环境条件下会对人的视觉产生刺激，该刺激会引起人不同的心理感受（如温暖、清爽等）。光线主要从以下两方面影响人的心理感受。

（1）光的色温

通常，暖色光（色温在3 300 K以下）给人温暖、健康、舒适、温馨的感觉；中间色光（色温为

3 300～5 300 K）给人愉快、柔和、安详的感觉；冷色光（色温在5 300 K以上）给人明亮、清凉的感觉。在室内空间环境中，合理运用光的冷暖感，可营造出不同的环境氛围，从而带给人们不同的心理体验，如图4-22所示。

图4-22　不同色温的光带给人不同的心理感受

设计实例

如图4-23所示，该咖啡厅的再生材料、仿古瓷砖、橡树桌凳等，在暖色光源的照射下，为人带来舒适、宁静的心理感受。

图4-23　暖光环境下的咖啡厅

（2）光的照度

不同的光的照度会让人产生不同的心理感受，如照度过低容易造成视觉疲劳，导致精神不振，但可以营造温馨、浪漫、暧昧的氛围；反之，照度过高会因刺激太强而诱发人们紧张的情绪，但可以让人兴奋。因此，空间环境照度应根据实际需要来确定，如图4-24所示。

图4-24　合理的照度水平，可营造愉悦的照明环境

（二）室内光线设计

在具体的室内空间环境中，各种光线是在协调、对比中存在的。因此，可利用人的视觉特性对室内光环境进行设计与调节。由于自然光线是天然的，是窗户或建筑构件已限定好的光照形式，所以这里主要讲解人工照明方式中的光线设计。

1. 亮度分布要适宜

若室内空间各区域的亮度差别较大，人眼从一处转向另一处时，被迫需要一个适应的过程。如果这种适应过程的次数过多，就会引起视觉疲劳。因此，视野内适宜的亮度分布是视觉环境舒适的重要条件，如图4-25所示。

图4-25　适宜的亮度分布，可营造舒适的视觉环境

2. 合理搭配照度与色温

光源照度和色温的不同搭配能够形成不同的表现效果，对照明质量产生很大的影响。例如，低照度时，低色温的光使人感到舒适、温馨，而高色温的光使人感到阴沉、寒冷；高照度时，低色温的光有刺激感，使人感到不舒服，高色温的光则使人感到轻松、愉快。因此，在低照度时宜选择低色温光源（暖色光），高照度时宜选择高色温光源（冷色光）。

3. 限制眩光

在室内空间环境中，眩光会使人感到疲劳。通常，产生眩光的原因主要有以下三个：一是光源的亮度过高；二是光源的位置过于接近人眼；三是周围环境与光源处亮度反差过大。有鉴于此，可在室内照明设计中采用如下措施来控制和消除眩光。

① 限制光源亮度。

② 合理布置光源。在安装灯具时，应尽可能地将光源布置在视线外，或者可以采用不透明材料遮挡眩光源。例如，可以适当提高灯具的悬挂高度和减小灯具的保护角度，以避免眩光，如图4-26所示。

③ 利用反射光和漫射光消除眩光，即可将光线经灯罩、天花板或墙壁等反射后再照射到工作面。如图4-27所示，可利用光线的反射角与它的入射角相同这一原理，通过改变台灯的放置位置来避免眩光。

④ 可适当提高周围环境的亮度，尽量减小物体亮度与背景亮度差，以防止眩光的产生。

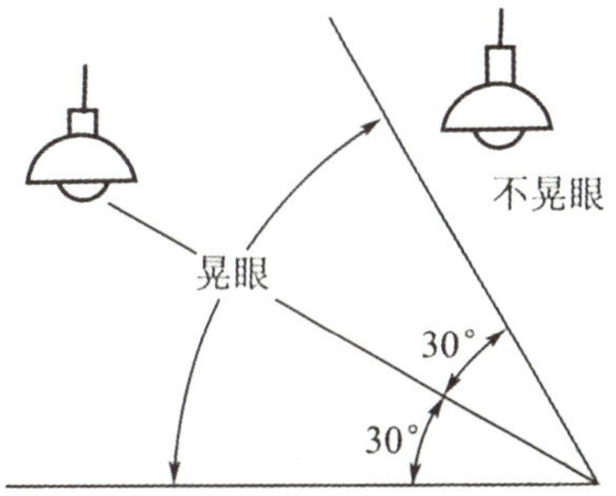

图4-26 合理布置光源

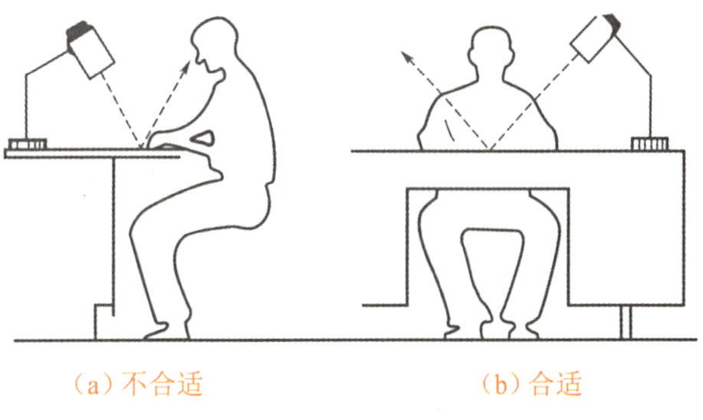

图4-27 利用反射光消除眩光

4. 避免阴影

在空间环境中，不当的光源位置会造成不合适的透光方向，从而产生阴影。阴影会使人产生错觉，增加视力障碍，影响工作效率，严重的还会引发事故，因此，照明设计应设法避免阴影。通常，可以通过改变光源位置、增加光源数量等措施消除阴影，如图4-28所示。

图4-28　通过增加光源数量来消除阴影

三、色彩给人的心理感受与色彩搭配

不同的色彩，给人不同的心理感受。同时，色彩还可以改变室内环境气氛。因此，掌握色彩的感觉和搭配，并在室内空间环境设计中加以恰当运用，是十分必要的。

（一）色彩给人的心理感受

色彩在一定的环境条件下会对人的视觉产生刺激，该刺激会引起人们不同的感受。色彩的感觉主要有以下几种。

1. 色彩的轻重感

色彩的轻重感主要取决于明度，明度高，色彩感觉轻；明度低，色彩感觉重。其次取决于色相，暖色感觉轻，冷色感觉重。最后取决于纯度，纯度高感觉轻，纯度低感觉重，如图4-29和图4-30所示。在室内空间环境设计中，可以利用色彩的轻重感营造不同的风格，如轻感色彩可以营造干净、明亮的室内风格，重感色彩可以营造稳定、粗犷的室内风格。

图4-29　大面积的白色感觉空间轻

图4-30　大面积的深色感觉空间重

2. 色彩的距离感

色彩的距离感主要取决于纯度，纯度高，色彩前进；纯度低，色彩后退。其次取决于明度，明度高，色彩前进；明度低，色彩后退。最后取决于色相，暖色前进，冷色后退。在室内空间环境设计中，可以利用色彩的这一感觉调节空间的尺度感和层次感。

3. 色彩的冷暖感

色彩的冷暖感主要由色相决定，冷色给人清爽、寒冷、幽静的感觉，如蓝色、绿色等，如图4-31所示；暖色给人温暖、热情、积极的感觉，如红色、橙色等，如图4-32所示。在室内空间环境设计中，可以利用色彩的冷暖感来调节室内环境气氛。例如，位于西侧的房间，室内可采用绿色系色调，从而使闷热的房间在感觉上趋于凉爽和舒适。

室内色彩搭配的法则

图4-31 冷色系给人清爽、幽静的感觉

图4-32 暖色系给人温暖、热情的感觉

4. 色彩的体量感

色彩的体量感主要取决于明度，明度高，色彩膨胀；明度低，色彩收缩。其次取决于纯度，纯度高，色彩膨胀；纯度低，色彩收缩，如图4-33和图4-34所示。最后取决于色相，暖色膨胀，冷色收缩。在室内空间环境设计中，运用色彩的体量感可以改善空间的视觉尺度，如小空间可以利用膨胀色增加空间的宽阔感，大空间可以利用收缩色减少空间的空旷感。

图4-33　高纯度的色彩搭配给人膨胀的感觉

图4-34　低纯度的色彩搭配给人收缩的感觉

精彩案例

图4-35为科隆家具展上的桌椅色彩搭配设计。米色的椅子给人膨胀感，有邀请人入座之意。而长桌采用黑色，有收缩、内敛之意，意在人入座后可进行亲密交谈。

图4-35　桌椅色彩的体量感

5. 色彩的动静感

色彩的动静感与色相、明度、纯度都有关系，其中，色相起主要作用。一般来说，红色、橙色、黄色为兴奋色，给人兴奋感；蓝色、蓝紫色、灰色为沉静色，给人恬静感。在室内空间环境设计中，巧妙地运用色彩的动静感，能够使空间灵动活泼，富有变化。

知识链接

常见色彩的心理感受

红色：热烈、喜庆、吉祥、兴奋、敬畏、残酷等。

橙色：温暖、丰硕、快乐、辉煌等。

黄色：明快、愉悦、光明等。

绿色：生命、活力、青春、希望、和平、新鲜、安全等。

蓝色：深远、沉静、清凉、冷漠等。

紫色：神秘、沉着、孤傲、庄重、奢华、压抑等。

白色：明亮、干净、朴素、纯洁、神圣、清爽等。

灰色：柔和、平凡、谦虚、中庸、含蓄等。

黑色：沉重、安静、内涵、严肃、悲痛、坚毅等。

（二）色彩的搭配

在具体的室内空间环境中，各种颜色是在协调、对比中存在的，因此，在具体的设计时还应考虑色彩的搭配。在室内空间环境中，常用的配色方法有以下几种。

1. 单色调搭配

单色调搭配是指选用同一色相但明度或纯度有变化的配色方法，如图4-36所示。这种配色给人以柔和、宁静、安详的感觉，但因色彩间差异较小，缺乏活泼感，易让人感觉单调乏味。

2. 类似色搭配

类似色搭配是指将色环上相隔60°的色彩进行搭配。这种配色主色调明确，又能保持色相相似，给人一种统一中有变化、变化中有统一的感觉，如图4-37所示。

图4-36　单色调搭配

图4-37　类似色搭配

3. 对比色搭配

对比色搭配是指将色环上相隔120°的色彩进行搭配。这种配色对比强烈，给人以鲜明、饱满、华丽、兴奋及激动感，如图4-38所示。

4. 互补色搭配

互补色搭配是指将色环上相隔180°的色彩进行搭配。这种配色鲜亮生动，给人以活力感，有较强烈的视觉冲击力，但也容易让人感到不协调、生硬等。因此，在应用互补色搭配时，可适当降低色相纯度或搭配互补色的近似色，从而形成更宽广、更丰富的色彩搭配，如图4-39所示。

图4-38　对比色搭配

图4-39　互补色搭配

想一想

假如你是一名室内设计师，现在要为一对老年夫妇设计居住空间，那么，在灯光与色彩的设计上应注意哪些方面？

四、材料给人的心理感受与材料组合

（一）材料给人的心理感受

1．材料的肌理

肌理是指材料本身的肌体形态和表面纹理，它可以使材料的质感表现得更加具体形象。在实际运用时，可根据材料的肌理创造个性鲜明的空间环境。例如，粗糙的材料给人以粗犷、朴实感，细腻的材料给人以精致、华丽感。

2．材料的冷暖感

材料的冷暖与其属性有关，如金属、玻璃、石材等给人以偏冷感，而木材、织物等给人以偏暖感。这些材料的冷暖一是表现在身体的触觉方面，人通过接触感知材料的冷暖；二是表现在视觉上，人通过视觉感知材料的冷暖。例如，对于深蓝色的织物与红色的石材，在视觉上，红色比蓝色感觉暖；而在触觉上，织物比石材暖。此外，材质的冷暖感具有相对性。例如，石材相对金属偏暖，而相对木材则偏冷。由此可见，在进行空间环境设计时，只有合理组织搭配材料，才能营造良好的空间效果。

3．材料的软硬感

材料的软硬也与其属性有关，如纤维织物能产生柔软的感觉，而石材、玻璃则能产生偏硬的感觉。同时，这些材料的软硬都有各自不同的情感特征，软性材料让人感觉亲切、柔和，更有亲和力，如图4-40所示；硬性材料让人感觉挺拔、硬朗，如图4-41所示。在室内空间环境中，要营造温馨舒适的空间，则需要适度地增加软性材料；反之，则需要多选用硬性材料。

图4-40　客厅内布艺沙发、地毯、抱枕的搭配，给人以亲切感

图4-41　卫生间以石材装饰墙面与地面，给人以硬朗感

4. 材料的轻重感

室内空间环境中更多的是依靠点、线、面、体塑造空间特征，而这些形态会因不同的材质特性而影响人的心理，从而产生空间形态的轻感与重感。轻质材料（如玻璃、有机玻璃、丝绸等）的合理使用可使空间显得柔和、轻松。相反，具有分量感的材料（如金属、石材、木板等），更适宜营造庄重、沉稳的空间氛围。

（二）材料的组合

在实际设计中，材料大都是组合使用的，不同的组合方式可将材料的外在形式和内在品质完美地展现出来。材料组合运用的方式主要有以下三种。

1. 相同材料的组合

在室内空间环境中，采用相同质感的材料进行装饰时，可运用对缝、拼角等手法，通过控制材料的纹理走向、肌理的微差与变化，从而形成新的图案或纹理，进而给人耳目一新的感觉。

2. 相似材料的组合

相似质感的材料组合运用，能够产生统一中有变化的视觉效果。例如，同属木质质感的桃木和梨木，因生长的地域、年轮周期不同，所形成的纹理也会有所差异，在空间中同时使用它们，能够营造出和谐、统一，但又富有变化的装饰效果。

3. 对比类材料的组合

将不同质感的材料组合运用，会产生意想不到的空间效果。例如，将木材与大理石组合使用，让木材的柔软细腻与石材的坚硬华丽相搭配，可形成独具一格的视觉效果，如图4-42所示。

图4-42　木材与石材搭配使用，可创造独具一格的视觉效果

课堂互动

说一说，下面所展示的室内空间环境，分别给你怎样的视觉感受？

五、噪声对人心理的影响及噪声控制

（一）噪声对人心理的影响

噪声是在一定环境下不应有的声音，即干扰声，如道路交通噪声、建筑工地机械噪声、社会生活噪声和家庭电器噪声等。噪声给人带来的心理影响主要是烦恼，令人焦躁不安，甚至失去理智。同时，噪声也容易使人疲劳，进而影响食欲、睡眠。

（二）噪声控制

在现实生活中，由于噪声源过多，无法将其完全消除。因此，在室内空间环境中，将噪声强度控制在一定范围内，是防止噪声对人产生影响的重要措施。

在室内空间环境中，噪声控制主要可从以下三个方面入手，即远离噪声源、控制噪声的传递和个体防护。

1. 远离噪声源

远离噪声源是降低室内噪声最有效的方法。一般而言，在建筑规划时就应考虑室外环境噪声对室内空间环境的影响，离噪声源越远，噪声强度衰减就越大。例如，办公室、科研室等需要在其内进行脑力作业的建筑，以及居住空间都应尽量远离噪声源。

对于室内噪声源的控制，可采用以下方法：① 降低声源的发声强度，如选用静音空调、噪声较小的电器；② 避免声源与传递媒介共振。

2. 控制噪声的传递

在室内空间环境中，可采用消声、隔声、吸声等局部措施来控制噪声的传递。常采用的方法有：① 对墙体、门窗，以及穿透墙面的通风设备、水管等进行降噪、隔声、隔震处理；② 利用吸声材料控制噪声的传递；③ 布置绿化或隔断，来吸收噪声或阻挡噪声的传播。

3. 个体防护

若无法通过上述两种方法来控制噪声，则可以使用防护用具来减少噪声对个体的影响。常用的防护用具有橡胶或塑料所制成的耳塞、耳罩及防噪声帽等。

知识链接

根据材料的结构不同，吸声材料可分为多孔、共振、特殊结构等。目前应用最广泛的是多孔吸声材料，主要包括以下几种。

(1) 有机纤维吸声材料

有机纤维吸声材料主要是指天然植物纤维，它在中、高频范围吸声性能良好，但防火、防腐、防潮等性能较差。

(2) 无机纤维吸声材料

无机纤维吸声材料主要是指天然的或人造的以无机矿物为基本成分的一类纤维材料，如玻璃棉、硅酸铝棉等。这类材料吸声性能良好而且质轻、不燃、耐腐蚀，但安装不便，且对环境有污染，会影响人的健康。

(3) 泡沫塑料吸声材料

泡沫塑料吸音材料主要是指以树脂为原料制成的内部具有无数微孔的塑料。这类吸声材料质轻、隔热、阻燃、耐腐蚀，应用较为广泛。

六、空气中的污染物对人的影响及室内空气污染预防

（一）空气中的污染物对人的影响

人的生活离不开空气环境，高质的空气环境是人类健康、安全、舒适生活与工作的保障。随着人们生活水平的不断提高，室内装修装饰也逐渐走向现代化。墙面装饰已由乳胶涂料、中高档壁纸代替普通瓷砖、墙漆；地面装饰也不再是灰、冷、硬的水泥地面，而可以采用复合木地板、高档石材、地毯等。但是，当人们使用这些具有时代感和装饰效果的装饰装修材料时，决不能忽视一些装饰装修材料所带来的具有污染性、放射性、致癌性等物质的危害。

在室内空间环境中，装饰装修材料带来的污染物主要有甲醛、石棉、氡、氨、铅和挥发性有机物等。当这些污染物超过一定的量时，会使人出现头晕、胸闷、气喘、呕吐、乏力等症状。

（二）室内空气污染预防

1. 简约装修

由于目前市场上的各种装饰材料都会释放出一些有害气体，因此，室内装修应以实用、简约为主，从而避免过度装修给人带来危害。

2. 注意装修的施工工艺

在进行室内装修时，要注意选择符合室内环境要求，不会造成室内环境污染的施工工艺，这也是防止造成室内环境污染的一个重要方面。例如，在装饰墙面时，应按照国家规范要求进行基层处理，即应涂刷界面剂，以防止墙面脱皮或者裂缝。但是，一些施工人员采用刷清漆进行基层处理的工艺，而且大多选用低档清漆，同时在涂刷时又加入了大量的稀释剂，这就为室内环境带来了严重的苯污染。苯被封闭在腻子与墙漆内，会长时间在室内环境中挥发，不易清除，久而久之就会对人体产生危害。所以，在对室内空间进行装饰装修时，一定要严格按照国家规范要求来进行。

3. 选择符合国家标准的装修材料

在室内装修中，采用符合国家标准的、污染少的装修材料，是降低室内有毒、有害气体含量的有效措施。目前，国家已经出台了室内装饰装修材料有害物质控制标准，这为保护消费者的利益和规范室内装饰材料市场提供了依据。

4. 室内通风

室内通风是清除室内有害气体的有效方法。室内通风要根据季节、天气的变化和室内人数的

多少来确定换气频度。按照国家《室内空气质量标准》，室内新风量应该保证每人每小时不少于30 m^3。例如，室内厨房、卫生间不能人为地阻挡室内通风，在条件允许的情况下应安装室内新风机或有通风功能的空调，以保证通风顺畅。

室内空气质量标准

5. 用植物净化空气

绿色植物不仅可以点缀室内空间环境，而且还是净化空气的一件利器。例如，常青藤、铁树可吸收室内苯和挥发性有机物；龟背竹、芦荟、仙人球等室内观赏性叶植物可吸收室内甲醛；松、柏、悬铃木等植物具有杀菌的作用，可减少空气中的含菌量，净化空气。同时，植物还能吸附空气中的尘埃，进一步净化室内环境。

拓展阅读

龟背竹的多重作用

龟背竹叶形奇特、极像龟背，且叶子常年碧绿，极为耐阴。龟背竹不仅可以吸附甲醛、苯、TVOC等有害气体，而且在夜间还可以吸收室内二氧化碳，从而提高室内含氧量。

此外，在设计创意上，龟背竹也常作为设计元素来使用。例如，可以作为餐具的陪衬（见图4-43）、家居抱枕图案（见图4-44）和墙面装饰画（见图4-45）等。

图4-43　龟背竹可作为餐具陪衬

图4-44　龟背竹可作为家居抱枕图案

图4-45　龟背竹可作为墙面装饰

第四节

室内环境评价的内容与标准

一、评价内容

在室内环境中，环境评价是一个综合性的评价。由于评价目的和具体被评价的事物的不同，评价内容也各有差异。评价内容主要涉及室内空间环境、知觉环境、围合实体、设备技术、环境艺术、使用后效等方面，如图4-46所示。

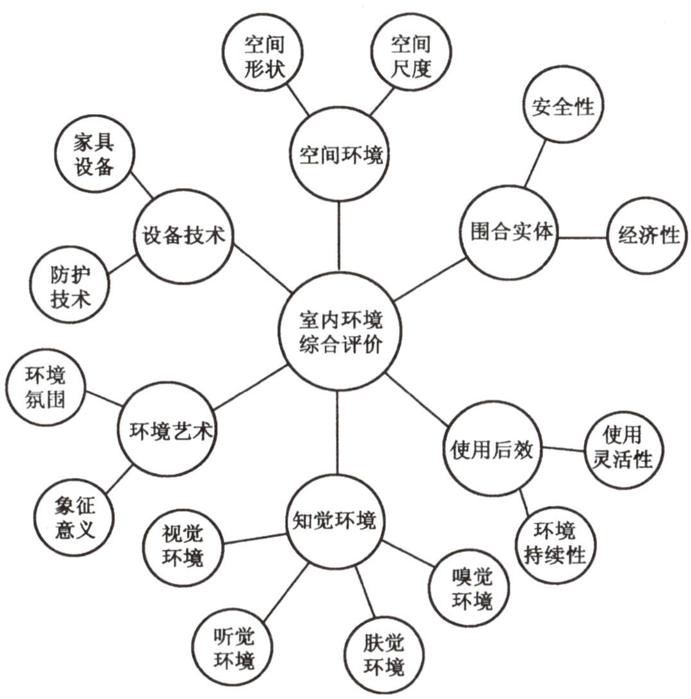

图4-46　室内环境评价的内容

（一）空间环境

空间环境是创建室内环境的主要内容。室内空间环境的质量主要取决于室内空间的形状和尺度，不同性质的空间环境，其形状和尺度都是不同的。但其共同特点都是要满足人的生活行为或生产行为的要求。

（二）知觉环境

室内知觉环境的质量主要是指满足人的视觉、听觉、肤觉和嗅觉对环境的质量要求。同时，这种要求会因室内环境性质和使用目的的不同而不同。例如，人在居住空间中对光环境的要求是光线柔和，避免有强光照射；而人在展示空间中对光环境的要求是光线突出，能够引起人们的注意。

（三）围合实体

围合实体的质量主要取决于围合空间与分隔空间的结构的安全性、经济性。围合实体的安全性是指围合实体的强度、刚度及围护结构的防水、防火、保温、隔热、隔声等性能。围合实体的经济性是指实体的造价。

（四）设备技术

设备技术是指对室内的家具与设备的数量和质量，以及室内环境的通风、供暖、送冷等技术措施的质量评价。例如，室内家具的位置摆放是否会给人带来空间不通畅感；室内新风系统是否保障了室内空气的流通。

（五）环境艺术

环境艺术是指室内环境的氛围和室内空间的象征意义。由于室内环境性质和使用者的要求不同，因此，人对室内环境艺术的评价常带有主观性。通常，室内环境氛围可用优雅、温馨、庄严和嘈杂等词语来形容。室内环境的象征意义可用“宫殿”“水晶宫”“梦幻世界”等词语来形容。一般而言，这些环境艺术的效果是通过室内空间形态调节、界面设计、家具设备布置，以及室内光环境、色环境等设计来实现的。

精彩案例

如图4-47a所示，砖红色的矮柜，棕色的座椅与脚凳，橙色的抱枕和毯子，组成了一幅温暖中带着知性的优雅画面。

如图4-47b所示，绿色系与深灰色系的搭配，给人以稳重、低调感。同时，沙发背景墙上的山水画，也在默默地诠释着空间的内涵。

如图4-47c所示，室内水晶吊灯与暖色调灯光的搭配，营造出温馨、奢华感，含蓄地表达出主人对时尚、古典、奢华的追求。

（a）　　（b）　　（c）

图4-47　不同的室内设计营造出不同的环境氛围

（六）使用后效

使用后效是指室内环境建成后的使用效果和对相邻环境的影响。其中，使用效果是指室内环境是否为身处其中的人们带来舒适、灵活和耐用等感受。对相邻环境的影响是指建成的室内环境对相邻环境的安全和卫生等方面的影响。

根据上述内容，可对室内环境进行综合评价。需要注意的是，在一个具体的室内环境中，不是所有的评价内容都一样重要，这也就出现了不同的评价标准。因此，应根据具体情况对室内环境进行具体评价。

二、评价标准

室内环境质量的评价标准是指根据室内环境的性质、使用目的和要求，以及人体舒适性指标等，对各评价内容给出相应的标准。

（一）室内空间尺度和形状的评价标准

室内空间尺度的评价标准要看在进行尺度规划时是否根据室内空间的使用性质、使用者的行为、经济条件，以及建筑技术规范等，由建设方经可行性研究后确定。例如，商业空间的尺度应根据商业规模、商业性质、消费者行为及建筑技术等综合确定。

室内空间形状的评价标准是判断空间形状是否根据室内空间的使用性质、使用者的行为、经济条件和建筑技术要求，由设计方比较多个方案的可行性后确定。例如，演播厅观众席的形状设计，需先确定观众席的排列方式（根据演出方式确定），再根据人的视觉、听觉等要求来确定。

（二）知觉环境的评价标准

室内知觉环境的评价标准涉及人的视觉、听觉、肤觉、嗅觉等对环境要求的主观心理量和客观物理量。由于主观心理量是根据个体使用要求等确定的，不同的人有着不同的感受。因此，主观心理量没有统一衡量标准。而客观物理量是由人体要求和环境性质确定的，设计时可参考表4-1至表4-3中数值。

表4-1　室内热环境的主要参照指标

项目	允许值	最佳值
室内温度/℃	12～32	20～22（冬季） 22～25（夏季）
相对湿度/%	15～80	30～45（冬季） 30～60（夏季）
气流速度/（m/s）	0.05～0.2（冬季） 0.15～0.9（夏季）	0.1
室内与墙面温度差/℃	6～7	<2.5（冬季）
室内与地面温度差/℃	3～4	<1.5（冬季）
室内与顶棚温度差/℃	4.5～5.5	<2.0（冬季）

表4-2　各类房间工作面上平均照度参考值

房间名称	照度/lx
起居室	75～150
幼儿活动室	150
教室	150
办公空间	100～150
营业厅	150～300
餐厅	100～300
书房	50～150

表4-3　室内住宅噪声标准

项目		噪声/dB
住宅区内	昼间	≤55
	夜间	≤45
干线道路两侧住宅	昼间	≤70
	夜间	≤55

思考题

1. 室内空间环境中人的常见心理有哪些？在具体设计时，该如何应用？
2. 避免眩光的方法有哪些？
3. 色彩的感觉有哪些？请举例说明。
4. 简述控制噪声的方法。

自信中国

“让光线来做设计”——贝聿铭的中国匠心

室内设计离不开光线因素，需要考虑自然光线与人工照明带给人的不同的视觉效果和心理感受。享誉海内外的著名华裔建筑大师贝聿铭曾说过“让光线来做设计”，他所设计的苏州博物馆新馆就巧妙地运用了光线，充分体现出他的匠心独运，如图4-48所示。

图4-48 苏州博物馆室内设计

中国传统建筑的屋顶对采光有所限制，因此苏州博物馆新馆的屋顶采用了玻璃、开放式的钢结构，并设置大型落地式方窗，从而可以让室内借到大片天光，最大限度地把自然光线引入到室内，克服了博物馆人工采光所带来的一系列弊端，使人们在视觉上更为习惯和舒适，心理上更能亲近自然。

屋顶内部设有木贴面的金属遮光条，自然光线经过遮光条时会得到一定的调节与过滤，从而产生光影和层次的变化。进入活动区域与展区内的光线变化，以及不同空间光线的明暗对比，使馆内空间变化多端。人在移步换景之间，借助光线的忽明忽暗，会产生不同的视野与审美感受。

苏州博物馆新馆的设计完美诠释了中国传统的“天人合一”“道法自然”的哲学思想，大师贝聿铭对文化的传承与创新为中国匠心写下了生动注脚，闪烁着劳动人民智慧的光芒。

（资料来源：苏州博物馆 https://www.szmuseum.com/Home/Index，有改动。）

第五章

人体工程学在家具设计中的应用

学习目标

1. 了解人体工程学与桌台类家具的设计。
2. 了解人体工程学与坐卧类家具的设计。
3. 了解人体工程学与储存类家具的设计。

思政目标

1. 通过欣赏古典家具，感悟古典文化的魅力，增强民族自信心。
2. 增强传承意识，提高创新能力。

学习要点

1. 掌握坐式用桌的设计尺寸。
2. 掌握座椅的基本功能尺寸。
3. 了解床的功能尺寸、材料和构造。
4. 了解衣柜的功能尺寸。

第一节

人体工程学与桌台类家具的设计

桌台类家具（如桌、几、案等）与人体关系非常密切，具有辅助人活动和盛放物品的功能。这类家具根据人使用时的姿态分为两类：一类是人们坐姿时使用的桌台类家具，其设计尺寸以人坐下时的坐骨结节点作为尺度的基准；另一类是人们立姿时使用的桌台类家具，其设计尺寸以人站立时的脚后跟作为尺度的基准。

一、工作面高度的设计原则

工作面是指人在作业时手的活动面。工作面高度是指人在作业时手的活动面离地面的高度。

在日常工作中，不论是坐姿工作还是立姿工作，其工作面的高度都是决定人工作时身体姿势的重要因素，不合理的工作面高度会影响人们工作时的姿势，长期处于某一不合理姿势，会引发各种病痛。

工作面过高或过低都会对人造成不良影响。工作面过高，会迫使人抬肩作业，导致肩部超过其松弛的位置，引起肩、胛、颈等部位疼痛；工作面过低，会迫使人弯腰弯背作业，进而引起腰痛。因此，合理的工作面高度，对人工作时的舒适度有着直接影响。为使工作面高度合理，设计师在设计时应遵循以下原则：

（1）当人使用工作面时，应使臂部自然下垂，处于放松状态，前臂应接近水平状态或略下斜，任何状态下都不应使前臂上举过久；

（2）当人使用工作面时，不应使脊柱过度屈曲；

（3）应按照高百分位数据进行设计，以符合大多数人使用；

（4）若工作面高度为可调节型，其调节范围应满足多数人的使用要求。

二、立式用桌（台）的人体工程学分析

立式用桌主要指营业柜台、讲台、服务台及各种工作台。这类用桌应根据工作性质决定工作面高度。

注 意

工作面的高度不一定等同于桌面的高度，这是因为工作物件本身也是有高度的，只是高度值不同而已。

立式用桌的桌面高度与作业性质有着密切的关系。作业性质不同，其桌面高度也不相同。按照作业性质分，立式用桌桌面可分为精密作业桌面、一般作业桌面和重负荷作业桌面三类，如图5-1所示。

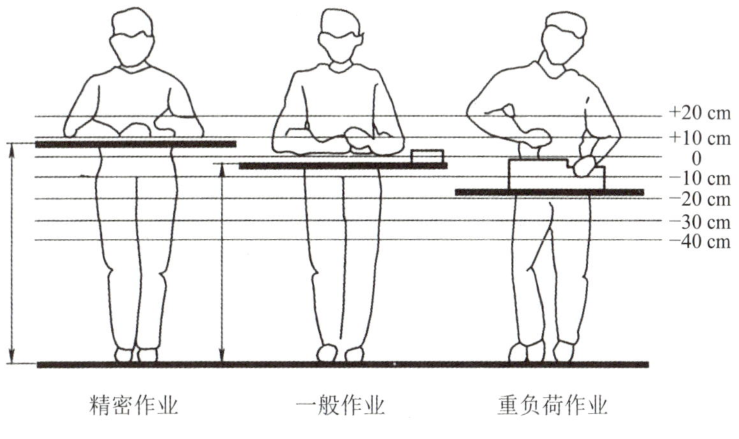

图5-1 桌面高度与作业性质的关系

（一）精密作业

精密作业是指绘图、安装零件等工作，其作业面高度应上升至肘高以上50～100 mm处，以适应人眼观察的距离。同时，在工作时，应将肘关节放置于桌面，给其一定的支撑，从而减轻背

部肌肉的静态负荷。

（二）一般作业

对于一般作业而言，其最佳工作面高度应降低至肘高以下50～100 mm处，该高度可使手臂自然下垂，便于操作。

（三）重负荷作业

重负荷作业工作面高度应考虑被加工件的大小和操作时用力的大小。被加工件越大，其工作面高度就应越低；若是在作业时需要用力，其工作面高度也应降低一些（见图5-2）。一般而言，重负荷作业的工作面高度应降至肘高以下150～400 mm处为宜。

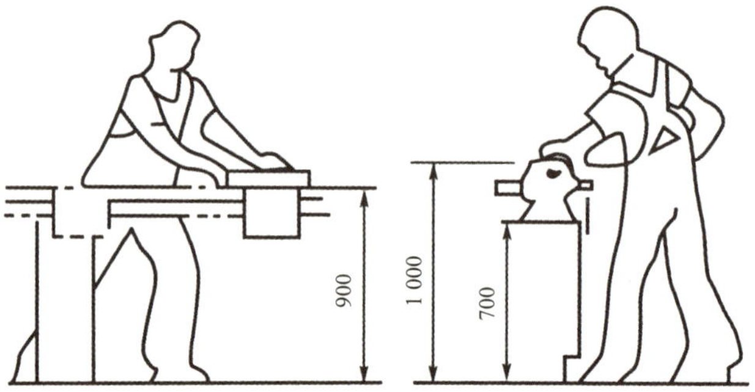

图5-2　重负荷作业工作面高度适宜值（单位：mm）

综上所述，设计师必须根据情况具体分析各种作业的特点，从而确定各种作业的最佳工作面高度。当然，从适应性角度而言，可调节高度的工作面是最理想的设计。

三、坐式用桌的人体工程学分析

坐式用桌主要包括餐桌、书桌、课桌、工作用桌等。坐式用桌的尺寸分析主要有以下三方面。

（一）桌子的高度

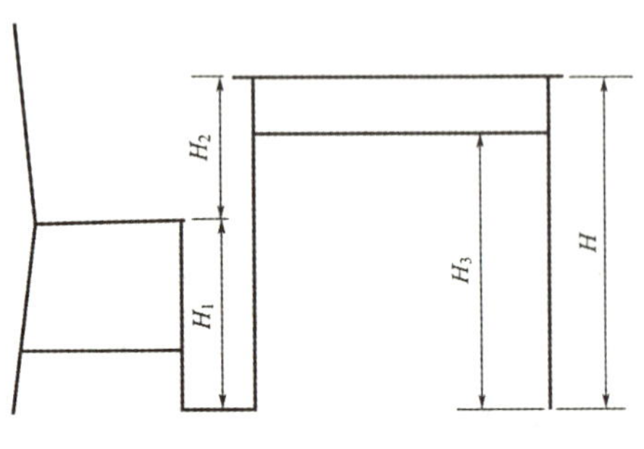

图5-3　桌高、座高和配合高差示意图

通常，桌子的高度由人体功能尺寸与座椅的功能尺寸共同确定。即桌面高度等于人体坐骨结节点到桌面的距离（桌椅面高差）与该点到地面的距离（坐高）之和。图5-3为桌面高、坐高和桌椅面高差之间的关系图，其计算公式为：

$$H=H_1+H_2$$

式中：

H——桌面高度；

H_1——椅子坐面高度；

H_2——桌椅面高差。

可调节高度的桌子的设计结构

其中，桌椅面高差尺寸非常重要，它应根据人体测量尺寸和实际功能要求来确定。我国国家标准GB/T 3326—2016《家具　桌、椅、凳类主要尺寸》中规定，桌面高度尺寸H应在680～760 mm范围内；椅凳类家具的座面高度H_1应在400～440 mm范围内；桌面和椅凳面配套使用的桌椅高差H_2应控制在250～320 mm内。设计师在实际运用这些尺寸时，可根据不同的使用特点进行调整。

合理的桌椅高度应能使人在坐姿时保持两个基本垂直。一是当两脚平放于地面时，大腿与小腿呈垂直姿态。在该姿态下的座面前沿不会对大腿下平面造成压迫；二是当两臂自然放置桌面时，上臂与小臂呈垂直姿态。在该姿态下，桌面刚好与小臂下平面接触，这样可使使用者保持舒适的坐姿或书写姿势。

精彩案例

可变换高度的桌子

法国Boulon Blanc团队设计了一款不仅造型美观、有创意，而且可变换桌面高度的桌子（见图5-4），并以团队名字命名。这款桌子拥有两种长度的桌腿，桌面高度由矮变高，只需抬起桌子；反之，只需轻拉桌面下的把手就可进行桌腿切换。两种桌面高度不仅符合人体工程学，满足实际使用需求，而且得益于桌子的特殊结构设计，使得两种高度的桌子的稳定性均得到了很好的保障，其矮面时有六个点接触地面，高面时则为三脚架结构以保持稳定。

图5-4　可变换高度的Boulon Blanc桌子

（二）桌面尺寸

桌面尺寸是指桌面宽度和桌面深度。桌面宽度是指桌面在x轴方向的横向尺寸，桌面深度是指桌面在y轴方向的纵深尺寸。一般来讲，桌面宽度主要由人体肩宽和人在坐姿状态下上肢的水平活动范围来确定，桌面深度主要依据人坐姿状态下上肢的水平活动活动范围来确定。此外，桌面尺寸还应考虑桌面可能放置物的性质及尺寸大小。

我国国家标准GB/T 3326—2016《家具　桌、椅、凳类主要尺寸》中规定，双柜写字桌桌面宽度为1 200～2 400 mm，桌面深度为600～1 200 mm；单柜写字桌桌面宽度为900～1 500 mm，桌面深度为500～750 mm。

对于餐桌与会议桌的桌面尺寸，应以人均占桌周边长为准进行设计。一般人均占桌周边长为550～580 mm，较舒适的长度为600～750 mm。

（三）桌面下的净空尺寸

坐式用桌桌面下均应留出容腿空间，以保证腿部、足部有足够的活动空间。

1. 桌面下的净空高度

人体坐姿时，桌面下的净空高度应高于双腿交叉时的膝高，并使膝部有一定上下活动的余地（其活动余量一般为20 mm）。即桌面下的净空高度应大于小腿加足高、大腿厚度及预留活动余量的总和。

如果桌面下的净空尺寸不合适，则直接影响人的坐姿，进而影响人的身体健康。若是带有抽屉的桌子，桌面至抽屉底部的距离不应超过桌椅高差的1/2。我国国家标准GB/T 3326—2016《家具　桌、椅、凳类主要尺寸》中规定，桌下净空高度应≥580 mm。

2. 桌面下的净空深度

桌面下的净空深度是指桌面下y轴方向的纵深尺寸。

人在坐姿状态下，小腿可围绕膝关节向前或向后转动，足部也可围绕足腕关节转动以使身体处于舒适姿态。由此可知，桌面下的净空深度应大于小腿加足长、足部超出小腿部分长及预留的活动余量的总和。

3. 桌面下的净空宽度

桌面下的净空宽度是指桌面下x轴方向的横向尺寸。

桌面下的净空宽度不仅要保证人在坐姿时的舒适度，还应预留人在坐姿状态与立姿状态转换时所需的空间。我国国家标准GB/T 3326—2016《家具　桌、椅、凳类主要尺寸》中规定，单柜桌与双柜桌中间净空宽均须≥520 mm。

设计实例

榻榻米因节省空间、环保经济、搬运方便等特点越来越受人们的喜爱。如图5-5所示，与榻榻米一起搭配使用的升降桌也是日常生活中非常具有创意效果的家具产品，深受人们追捧。

这种升降桌不用时可下降至地面，丝毫不占用空间。同时，在人们使用时，桌下还留有放腿的空间，完全符合坐式用桌的需要。一般而言，榻榻米地台的高度应在360 mm以上，桌面尺寸应在800～1 000 mm，而桌面高度在680～760 mm范围内最佳。

图5-5　可节省空间的升降桌

四、斜面桌的人体工程学分析

斜面桌是指桌面与水平面之间有夹角的桌子，即桌面有倾斜度的桌子，如图5-6所示。

图5-6　斜面桌

在实际工作中，由于人体头部的姿势很难保持在规定范围之内，如在书桌上写字、画画时，头部的倾斜角度往往会超过舒适的范围（8°～22°），若长时间以此姿势作业，则会引起颈部肌肉疼痛。因此，为保证人体头部保持在舒适范围内，具有倾斜角度的桌面越来越受到人们的青睐。斜面桌的设计使得工作面与水平面形成一定的角度，以改善某些工作（如阅读、书写等）需要低头的问题。总体而言，斜面桌有利于人体保持自然姿势，避免脊柱过度弯曲，减少颈部弯曲，从而减轻工作疲劳和不适。

例如，绘图桌桌面的倾斜设计，有利于人躯体呈自然姿势，避免弯曲过度。图5-7给出了一组满足不同要求，桌面高度及倾斜度各不相同的绘图桌，从图中可看出桌面角度与人体姿态的关系。

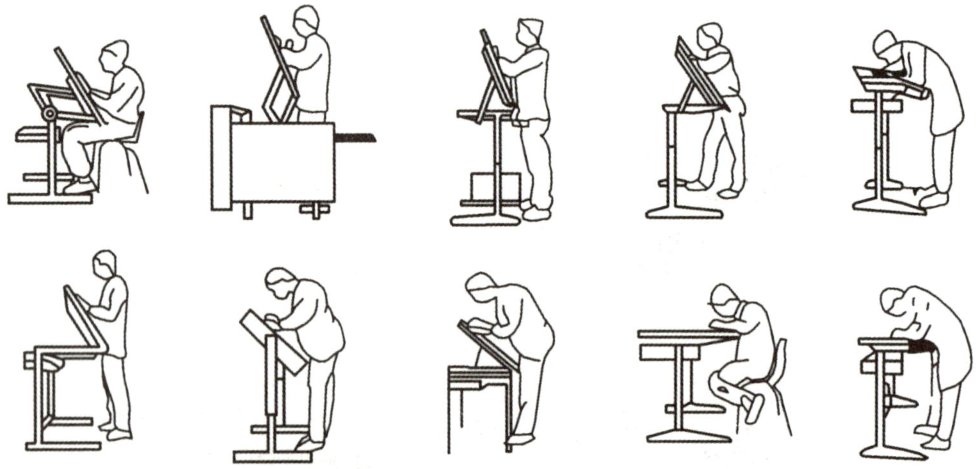

图5-7　桌面角度与人体姿态的关系

从图5-7中可以看出，对于倾斜角度较小的绘图桌，绘图者在使用时必须身体前屈，这增加了绘图者躯体的弯曲程度。由此可见，绘图桌的设计应注意以下几点：① 桌面前缘的高度应在650～1 300 mm内可调节，以适应绘图者从坐姿到站姿的需要；② 桌面倾斜度应在0°～75°内可调节，以适应不同工作姿势的需要。

需要注意的是，有倾斜角度的桌面不易摆放过重物品，以避免物品滑落。

第二节

人体工程学与坐卧类家具的设计

坐卧类家具是指与人体直接接触、起着支撑人体作用的家具，如椅、沙发、床等。如何坐得舒服、睡得安宁等是坐卧类家具设计的重点。坐卧类家具的设计应符合人的生理特点与心理特点，使人体骨骼、肌肉、血液等系统处于合理状态，以减少和消除产生疲劳的各种因素，进而使人在心理上得到舒适。

一、座椅的人体工程学分析

（一）人体坐姿与座椅的设计

1. 人体坐姿的生理特征

人最自然的姿势是直立站姿，该姿态下的脊柱基本呈S形，此时椎间盘内压力较均匀，受力较小。当人坐下时，骨盆向后方倾转，同时使背部下端的骶骨也倾转，导致脊柱由S形向拱形变化（见图5-8）。在该姿态下，人体椎间盘会受到较大的压力，进而引起腰痛等疾病。此外，若座椅坐面设计得不合理，会使人大腿受到压迫，阻碍腿部正常的血液循环，造成腿部麻木。

一般来说，人日常坐姿有直腰坐和弯腰坐两种。经过对这两种坐姿分析发现，直腰坐虽有利于降低椎间盘的内压力，但会增加背部肌肉负荷。相反，弯腰坐虽有利于背部肌肉放松，但却增加了椎间盘的内压力。由此可知，肌肉和椎间盘对坐姿的要求是矛盾的。因此，设计座椅时既要使人在坐姿状态下能有效降低椎间盘的内压力，也应让人体背部肌肉得到合理的放松。

研究表明，人体正常状态下第三和第四腰椎间所受的压力最大。若将人体直立时第三和第四腰椎之间所承受的压力定为100%，则其他不同姿态状态下腰椎所承受的相对压力如图5-9所示。从图5-9可以看出，坐姿状态下的椎间盘内压力明显增大。因此，设计人员设计座椅时，应研究人坐姿状态下的脊柱形状。此外，设计人员还需要对座椅进行各种尺寸和角度的测试，以满足人不同坐姿状态下的使用要求和舒适性。

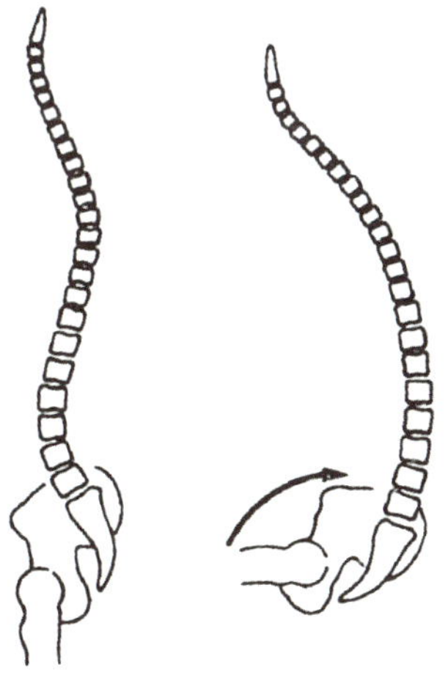

图5-8 人体在站姿（左）和坐姿（右）时的脊柱形状

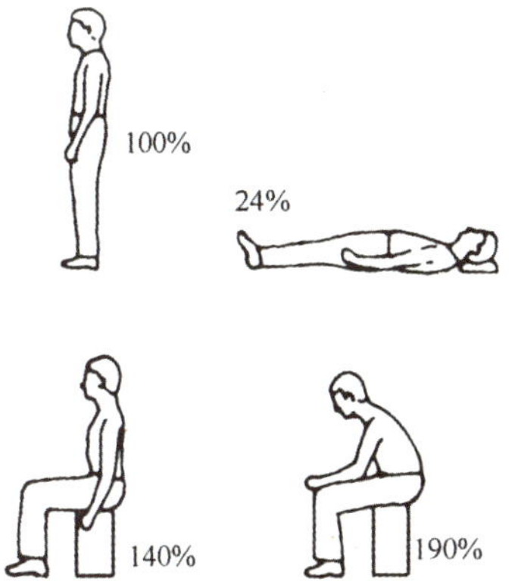

图5-9 人体在不同姿势下的第三和第四腰椎间盘内压力

2. 座椅设计的基本原则

座椅根据用途可分为工作用椅、休息用椅和多功能用椅。不同用途的座椅，其设计要求也不相同。但综合而言，它们之间存在一些共同的设计要求，具体可概括为以下几个方面。

（1）座椅的形式及尺度和它的用途有关，即不同用途的座椅有着不同的形式和尺度，应始终围绕用途进行设计。

（2）座椅的形式及尺度应根据人体测量数据进行设计。

（3）由于人体在坐姿状态下，身体的重量由臀部坐骨结节承担，因此，座椅坐垫应有一定的厚度、硬度和透气性，以便将人体重量的压力分布于坐骨结节区域。

（4）座椅应设计腰部支撑和适当的靠背以缓解人体背部肌肉紧张。

（5）座椅的设计应便于人体变换姿势，并应防止人体滑落。

3. 座椅的基本功能尺寸

座椅的基本功能尺寸包括座高、座深、座宽、座面倾角、靠背、扶手高度、椅垫软硬度等。

（1）座高

座高是指座椅面前沿至地面的垂直距离。座高是影响人坐姿舒适度的重要因素之一，也是确定座椅靠背高和扶手高等一系列尺度的基准。座高过高或过低都会导致人的坐姿不正确，易使人腰部产生疲劳。若座面过高，会使人在坐姿状态下双脚悬空，使大腿血管受到压迫，妨碍血液循环，易导致腿部疲劳。若座面过低，会使人膝部拱起，大腿碰不到椅面，从而导致体压过于集中在坐骨结节上，时间一久会使人产生疼痛感。另外，座面过低还会使人体形成前屈姿态，该姿态会增大背部肌肉的活动强度，且重心过低还会造成人起身困难。由此可见，若使人得到舒适的坐姿，应使大腿保持近似水平的状态，小腿自然下垂，脚掌平放在地面上。

图5-10给出了座面高度与座面体压分布关系。由图5-10可以看出，当座高低于膝盖高度时，体压集中在坐骨结节上；当座高与膝高等高时，体压主要分布在坐骨结节周围，但稍向臀部分散；当座高高于膝盖高度时，两腿的悬空导致体压向大腿内侧分散，从而妨碍血液循环，引起腿部疲劳。因此，在确定座椅高度时，必须了解座高与体压分布的关系。

不同座高姿势（单位：cm）

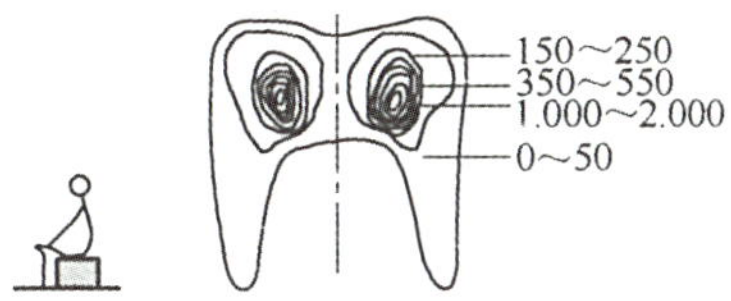

（a）座高低于膝盖高度

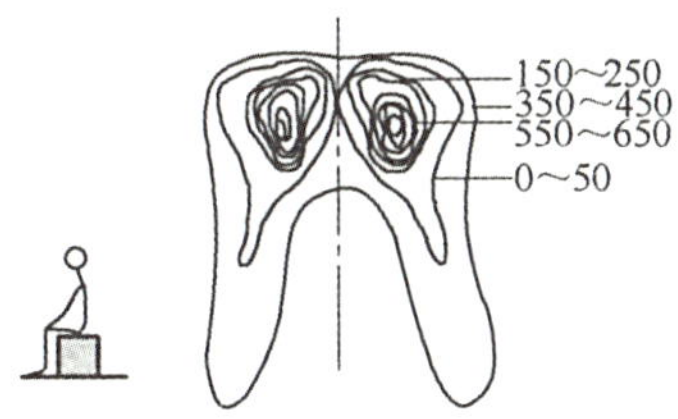

（b）座高等同于膝盖高度

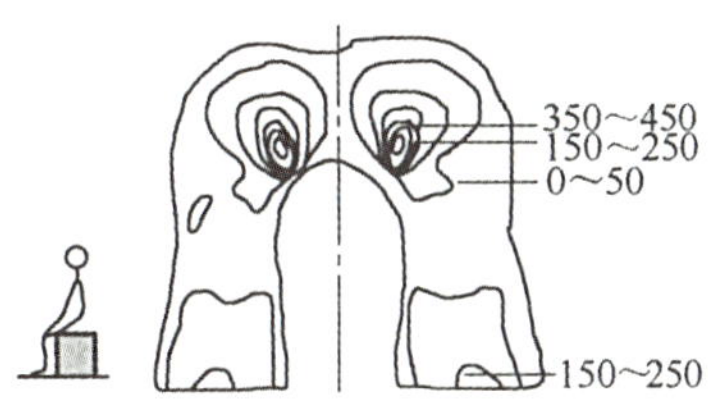

（c）座高高于膝盖高度

图5-10　座面高度与座面体压分布关系（单位：g/cm^2）

一般情况下，合理的座高应略小于小腿加足高。我国国家标准GB/T 3326—2016《家具　桌、椅、凳类主要尺寸》中规定，一般座椅座高为400～440 mm，软面座椅的最大座高为460 mm（包括下沉量）。

对于不同用途的座椅，其座高要求也不一样。通常，工作用椅座高要比休息用椅座高高一些，并且设计为高度可调节型，调节范围以350～460 mm为宜，从而适合不同身高的人。同时，工作用椅的座高还应考虑工作台面的高度，当工作台面高度固定时，座椅高上限应根据身材矮小的作业者的要求来确定。休息用椅（如沙发、躺椅等）座面高度可略低一些，这是因为座面略低可使人们坐下后腿部可向前方伸展、背部可向后倾斜，这样的姿势有利于人体脊椎处于自然状态并放松肌肉，也有助于稳定身体重心。通常，沙发的座高为360～420 mm。

（2）座深

座深是指座椅座面前沿至后沿的距离。座深对人体坐姿舒适度也有着较大影响。若座面过深，即超过人大腿水平长度过多，就会使人腰部缺乏支撑点而悬空，从而加剧腰部肌肉的活动强度，进而导致人疲劳；同时，座面过深，还会使腘窝受压，使人腿部出现麻木现象。若座面过浅，会使人大腿前部悬空，身体前倾，导致人体重量全部压在小腿上，致使小腿疲劳。

因此，座深的设计应满足以下两个条件：① 应使人腰部得到靠背的支撑；② 座面前沿与小腿之间应留有适当的距离，以保证腘窝不受挤压及小腿可自由活动。

一般而言，座深尺寸应略小于坐姿时大腿水平长度，并使坐面前沿与小腿间有一定的距离（约60 mm间隙），以保证小腿可自由活动。我国国家标准GB/T 3326—2016《家具　桌、椅、凳类主要尺寸》中规定，一般座椅座深为340～420 mm。对于沙发或休闲类椅子，座深可设计得大一些，如软体沙发座深一般为480～600 mm。

（3）座宽

座宽是指座椅座面的水平宽度。座宽是由人体臀部尺寸加适当的活动范围确定的。座椅座面宽度必须适合大部分人，其相对应的人体测量尺寸是臀宽，由于该尺寸受性别影响较大，故座宽通常以女性臀部宽度尺寸的第95百分位数据进行设计，以满足大多数人的使用。

我国国家标准GB/T 3326—2016《家具　桌、椅、凳类主要尺寸》中规定，靠背椅座前沿宽应≥400 mm；折叠椅座前沿宽一般为340～420 mm。

（4）座面倾角

座面倾角是指座面与水平面的夹角。

对工作用椅而言，座面倾角不宜太大，一般为0°～5°，以3°～4°最佳。

对休息用椅而言，座面可设计成向后倾斜的。通常，休息用椅座面倾斜角度为5°～23°，这个角度范围内的座面有利于人体肌肉放松。

对餐厅用椅而言，其座面通常是水平的，这是因为人在进餐时胸腔和腹腔需保持正常状态，前倾或者后倾的座面均会影响人腹腔内各器官在消化时的功能。

表5-1是根据人体舒适度决定的不同椅类家具的座面倾角建议值。

表5-1　各类用椅的座面倾角建议值

种类	座面倾角/（°）
餐椅	0
工作椅	0～5
休息用椅	5～23
躺椅	≥24

(5) 靠背

座椅靠背的作用是使人体背部得到充分支撑，以缓解体重对人臀部的压力，并减轻人腰部、背部和颈部肌肉的紧张程度。座椅靠背的设计主要考虑靠背倾角、靠背的高度和靠背侧面形状等方面。

① 靠背倾角。靠背倾角是指靠背与水平面的夹角。靠背倾角的大小对人使用座椅时的舒适感有着重大影响。一般而言，靠背倾角越大，人体所获得的休息程度越高。据研究，当人使用靠背倾角达到110°以上的座椅时，人体椎间盘内压力显著减小。因此，此角度可作为区分工作用椅与休息用椅的靠背角度设计参考值。常见椅类家具的靠背倾角值如表5-2所示。

表5-2 常见椅类家具的靠背倾角值

种类	靠背倾角/（°）
餐椅	90
工作椅	95～115
休息用椅	110～130
躺椅	115～135

设计实例

图5-11为可调节靠背倾角的工作椅。可调节座椅能使人们在工作之余，通过调节靠背倾角，改变坐姿，以缓解身体局部的压力积累，进而减轻疲劳。

图5-11 可调节靠背倾角的工作椅

② 靠背的高度。座椅根据靠背的高度可分为三种，即高背椅、中背椅和低背椅。高背椅（见图5-12）的座椅靠背高大于人体坐姿时的肩高，通常，靠背高应≥660 mm；中背椅（见图5-13）的靠背上沿低于人体坐姿时肩胛骨的高度，一般高约460 mm；低背椅（见图5-14）是指座椅靠背高在185～250 mm范围内的椅子，这类椅子便于人体上肢自由活动。

图5-12　高背椅

图5-13　中背椅

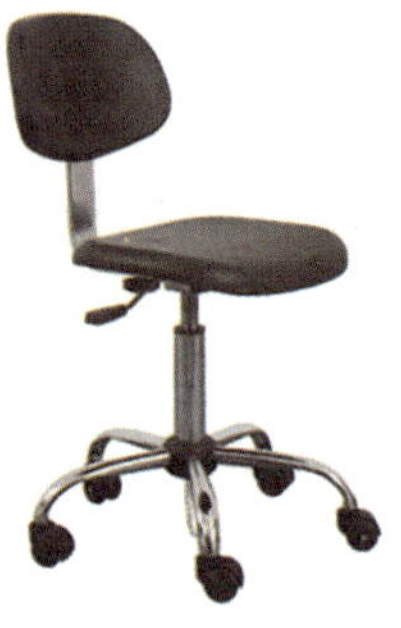

图5-14　低背椅

③ 靠背的侧面轮廓。合理的座椅靠背轮廓可有效降低人体椎间盘内压力和背部肌肉负荷，从而使人在坐姿状态下更加舒适。

根据人体背部的特点，座椅靠背轮廓应设计成与人体脊柱形状基本吻合的“S”形，以使座椅靠背适应人体背部结构。图5-15为常见座椅的靠背侧面轮廓。

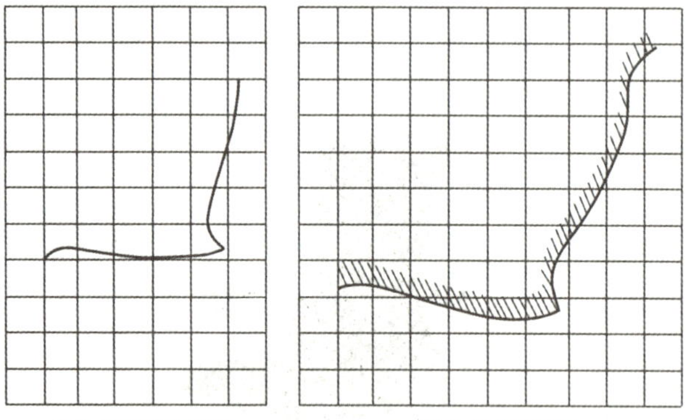

（a）多功能座椅　　（b）休息用椅

图5-15　座椅靠背的侧面轮廓（单位：每格为10 cm×10 cm）

（6）扶手

扶手是指座椅两侧的把手，其作用是减轻人体两臂的疲劳。座椅扶手过高或过低都会影响人两臂肘部自然靠近，引起人两臂疲劳。因此，座椅扶手的高度应根据人体尺寸来确定。通常，可依据女性坐姿肘高第50百分位数据来确定座椅扶手的高度。一般情况下，扶手与座面的距离在200～250 mm范围内为宜。

想一想

座椅扶手是否需要设计成可调节样式的？请说说你的看法。

(7) 椅垫

座椅椅垫的设计应从人体重量分布、椅垫的软硬程度和椅垫的材质等方面考虑。

① 椅垫的软硬度。较软的椅垫可增加人体与椅垫的接触面，使人体体压分布相对均匀。但过软的椅垫也存在一定的缺陷，一方面会使人体坐姿不稳定，另一方面会使人体臀部和大腿深陷其中，不利于人起坐。若椅垫过硬，会使人体体压过于集中，易导致坐骨压迫，进而引起疼痛。因此，椅垫的软硬度应适中，以使人体臀部压力分散。

② 椅垫的材质。一般情况下，椅垫的材质应选用透气性好、干爽，以及表面触感柔软、温暖的材料；应避免选用表面过于硬挺、冰冷和光滑的材料。

(二) 室内常用座椅的人体工程学分析

根据不同的用途，室内常用座椅可以分为工作用椅、休息用椅和多功能用椅。

1. 工作用椅

工作用椅是指用于各类工作场所的座椅。一般情况下，工作用椅在设计时应重点考虑稳定性、舒适性和方便性这三方面。

我国国家标准GB/T 14774—93《工作座椅一般人类工效学要求》中规定，工作座椅设计的基本要求主要有以下几点。

(1) 工作用椅的结构形式应尽可能与坐姿工作的各种操作活动要求相适应，应能使操作者在工作过程中保持身体舒适、稳定，并能进行准确地控制和操作。

(2) 工作用椅的座高必须是可调节的。座高调节范围应依据GB 10000中“小腿加足高”数据，具体为女性（18～55岁）第5百分位数到男性（18～60岁）第95百分位数之间，即360～480 mm。

工作用椅坐面高度的调节方式可以是无级调节或间隔20 mm为一档的有级调节。

(3) 工作用椅可调节部分的结构构造必须易于调节，必须保证在椅子使用过程中不会改变已调节好的位置，并且不能松动。

(4) 工作用椅各零部件的外露部分不得有易伤人的尖角锐边，各部结构不得存在可能造成挤压、剪钳伤人的部位。

(5) 无论人坐在座椅前部、中部还是向后靠，工作用椅坐面和腰靠结构均应使人感到安全、舒适。

(6) 工作用椅腰靠结构应具有一定的弹性和足够的刚性。在座椅固定不动的情况下，腰靠承受250 N的水平方向作用力时，腰靠倾角β不得超过115°。

（7）工作用椅的结构材料和装饰材料应耐用、阻燃、无毒。座垫、腰靠、扶手的覆盖层应使用柔软、防滑、透气性好、吸汗的不导电材料制造。

（8）工作用椅坐面在水平面内可以是能够绕座椅转动轴回转的，也可以是不能回转的。

我国国家标准GB/T 14774—93关于工作椅的主要参数如表5-3所示，各参数的意义及结构形式如图5-16所示。

表5-3　工作用椅的主要参数

单位：mm

参数	符号	数值
座高	a	360～480
座宽	b	370～420，推荐值400
座深	c	360～390，推荐值380
腰靠长	d	320～340，推荐值330
腰靠宽	e	200～300，推荐值250
腰靠厚	f	35～50，推荐值40
腰靠高	g	165～210
腰靠圆弧半径	R	400～700，推荐值550
座面倾角	α	0°～5°，推荐值3°～4°
腰靠倾角	β	95°～115°，推荐值110°

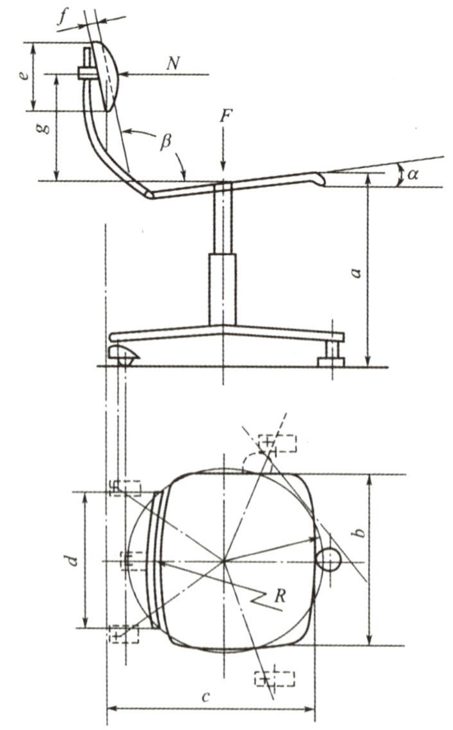

图5-16　工作椅的结构形式及参数

精彩案例

库卡波罗设计的工作椅

约里奥·库卡波罗是把人体工程学引入现代家具设计的设计师之一，也是促进家具设计领域内人体工程学发展的先驱人物之一。在他的理念中，人体工程学与功能主义是密切相关的。他设计的工作椅，不仅整体造型体现人体形状，而且椅子的每一部分都非常完美。

图5-17是库卡波罗在20世纪70年代中期设计的丰思奥椅子，其外形是根据人体的生理形状和人体尺寸而设计的，从产品的侧面就可以感受出人体的曲线。库卡波罗通过改变座位的高度和头枕的位置，使身高在150～190 cm之间的使用者都可以获得合理且健康的坐姿。1979年，该座椅被芬兰赫尔辛基实用艺术博物馆永久收藏；1983年，该座椅被德国汉堡工艺美术博物馆永久收藏。

此外，库卡波罗设计的泊莱诺椅子（见图5-18）也非常著名。他深入研究了各种身材的使用者的坐姿，充分考虑人体曲线的有效支撑和重心等问题，通过腰靠、背靠、头枕三个独立的软垫设计，以迎合人体的坐姿曲线，全面贴合人体的支撑部位，从而使使用者获得健康的坐姿。

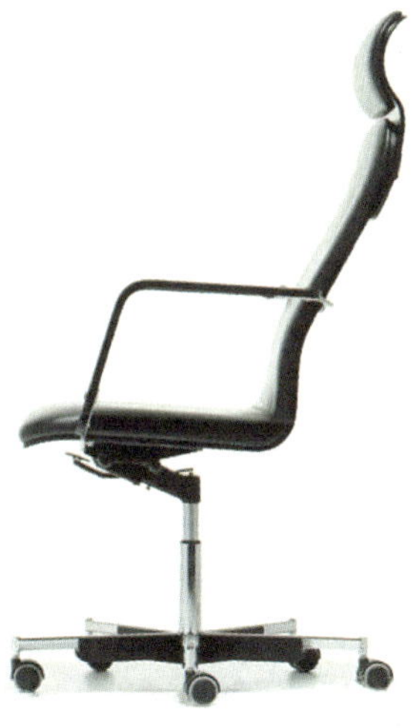

图5-17　丰思奥椅子

图5-18　泊莱诺椅子

2. 休息用椅

休息用椅是指供人休息、放松的座椅。休息用椅的种类和造型多种多样，其设计重点是使人体得到最大的舒适，消除身体的紧张与疲劳。

根据人体工程学相关知识，休息用椅的设计应注意以下几点。

（1）为了防止人体臀部前滑，座面应后倾一个角度，其角度范围一般为5° ～23°。座面倾角越大，人体获得的休息程度就越高。

（2）靠背倾角应在110° ～130°范围内。

（3）靠背应为人体腰部提供支撑，其目的是降低脊柱所产生的紧张压力。同时，靠背应符合人体脊柱自然弯曲的曲线。

休息用椅根据休息程度可分为轻度休息椅、中度休息椅和高度休息椅。轻度休息椅（见图5-19）靠背较高，适宜长时间会客时使用。中度休息椅（见图5-20）腰部位置较低，适合于家庭客厅、会议室长时间休息和会客时使用，日常所用的沙发就属于这类休息椅。高度休息椅（见图5-21）靠背倾角较大，一般设计有头靠和脚凳，如躺椅、按摩椅等。

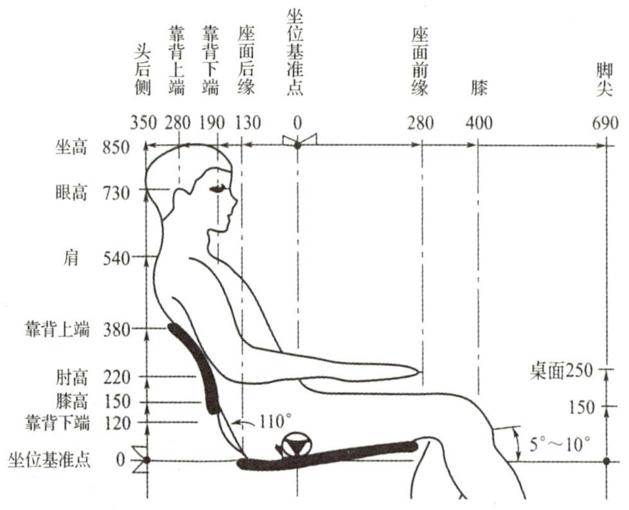

图5-19　轻度休息椅尺度（单位：mm）

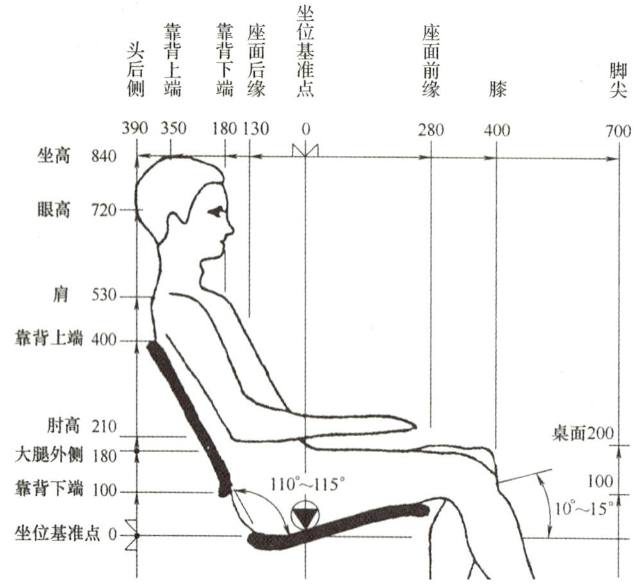

图5-20　中度休息椅尺度（单位：mm）

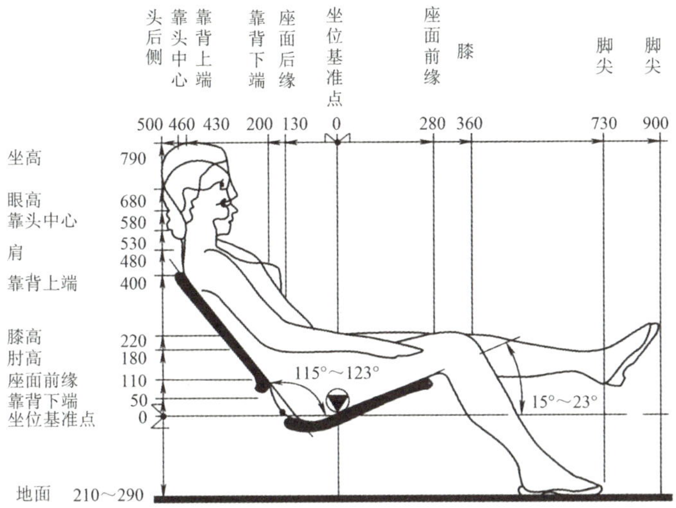

图5-21 高度休息椅尺度（单位：mm）

精彩案例

无重力躺椅（见图5-22）

Gravity Balans无重力躺椅造型十分独特，它以不同的倾斜角度，给人们无穷的舒适和浮游感。其精湛的设计和制作工艺，能让使用者感受到最能接近零重力的感觉。另外，该椅子完全依据人体工程学原理进行设计，对人体脊椎部位有较好的保护作用，能更有效地减轻脊椎的压力。

图5-22 无重力躺椅

符合人体工程学的休息椅

在日常生活中，沙发是休息椅中最为典型的，也是室内空间中普遍使用的家具。沙发的舒适度与所用材料的软硬度、弹性有着密切的关系，一般要求应柔软但不能过度。另外，沙发的结构也是影响人体舒适度的因素之一，以往的沙发多采用盘簧结构，使用一久弹簧易失去弹性而变硬，从而影响沙发的舒适度。随着技术与生产力的发展，沙发的结构有了很大的改进。目前，市面上的沙发结构多采用蛇簧和盘簧结合的形式，以更好地满足使用者对舒适性的要求。

案例赏析

创意沙发欣赏

图5-23　钢丝线条结构沙发

如图5-23所示，这款沙发整体支架由简单的钢丝线条构制而成，给人以强烈的线条感。支架上面搭配黑色的垫子，营造出高雅、沉静的感觉。同时，在沙发的两端，还分别设计了人性化的配置，即可放书本的布袋和可放置水杯的木板。这样的设计简约又不失实用性，且更显随性、洒脱之意。

如图5-24所示，该沙发的造型就像一个拥抱者的手一样，给人温暖与踏实感。同时，靠背的突起设计，也给人安全感。静谧的色调、舒适的面料、新颖的外观，使沙发简单、大方又不失个性。

图5-24　ENVELOPPE沙发

如图5-25所示，该沙发线条简约，颇具时尚感，同时，搭配可以翻转展开的坐垫，最大限度地满足了人们对沙发的需求。

图5-25　Hosu沙发

如图5-26所示，Bahir沙发弧线化处理的靠背展示了一种新的“就座文化”，宽敞的体型就像是在随时邀请人们就座一样。同时，沙发表面软垫上的对角式缝线处理，也给人们带来了不同的视觉效果。

图5-26　Bahir沙发

3. 多功能用椅

多功能用椅是指以功能性为设计重点的椅子。这类椅子可能是与桌子配合使用的，或是工作、休息兼用的，也可能是可折叠存放的备用椅子（见图5-27）。

多功能用椅：
三段魔方椅

近年来，椅子设计的流行趋势是一把椅子可身兼数职，以发挥出不同的功能。如图5-28所示，该座椅外形为一个立方体，表面为皮革垫，其两侧连有两块木板和三根钢管，每根钢管展开后可围成270°。该立方体在不展开的情况下，可以把它当凳

图5-27　不使用时可折叠的椅子

子使用；展开任意一侧时，立方体就可以变成一把有靠背的椅子供人使用；当全部展开之后，它又可以变成一张桌子供人使用。

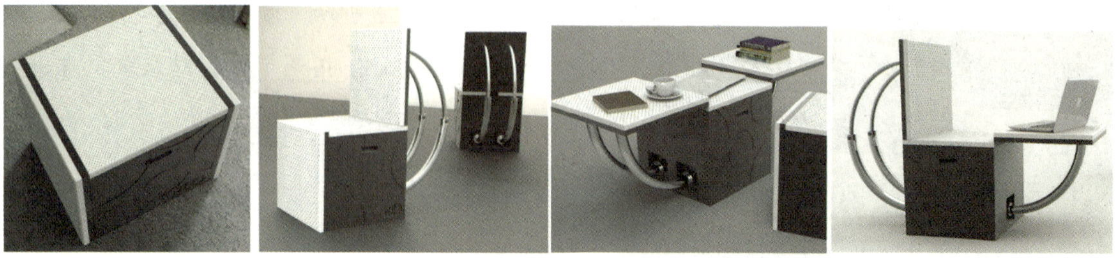

图5-28　多功能座椅

拓展阅读

新式座椅的设计

1．Ab工作椅（见图5-29）

人们在工作时，常在向后靠与伏案工作两种状态上切换。若长时间保持这两种姿态，人腹部和脊柱都会感到酸胀。因此，Ab工作椅利用一个可360°调节的椅背来解决两种工作状态时所产生的不适。当人体后倾呈休闲状态时，这个可旋转的椅背即成为靠背；当人前倾呈伏案工作时，这个可旋转的椅背即成为支撑腹部的软垫。总的来说，Ab工作椅就是以靠背可旋转的方式，使使用者在前倾、后倾两种姿态下都可保持舒适的坐姿。

2．跪式椅（见图5-30）

跪式椅的设计，可使膝盖分担部分人体重量，并减轻人体脊椎压力，同时该姿势还能使人呼吸顺畅和血液循环更通畅，进而保持高效工作。但是，跪式椅在灵活性方面较差。这是因为使用者在跪式椅上工作时，始终保持一种前倾的姿势，该姿势较难改变坐姿进行休息，若长时间保持该姿势，易造成使用者肌肉疲劳。

图5-29　Ab工作椅

图5-30　跪式椅

二、床的人体工程学分析

睡眠是人的一种生理调节机制，人通过睡眠可以消除疲劳，恢复脑力和体力，从而有更充沛的精力去进行活动。因此，床作为与睡眠直接相关的家具，其设计尤为重要。床的设计不仅要考虑床的尺寸对人睡眠的影响，还要着眼于人体卧姿对睡眠的影响等。

（一）睡眠的特点

睡眠是人中枢神经系统兴奋与抑制调节所产生的现象，休息的好坏取决于神经抑制的深度，也就是睡眠的深度。

图5-31是通过对人的睡眠生理测量后，所获得的睡眠过程的变化。由图可知，人的睡眠深度不是始终如一的，而是周期性变化的。

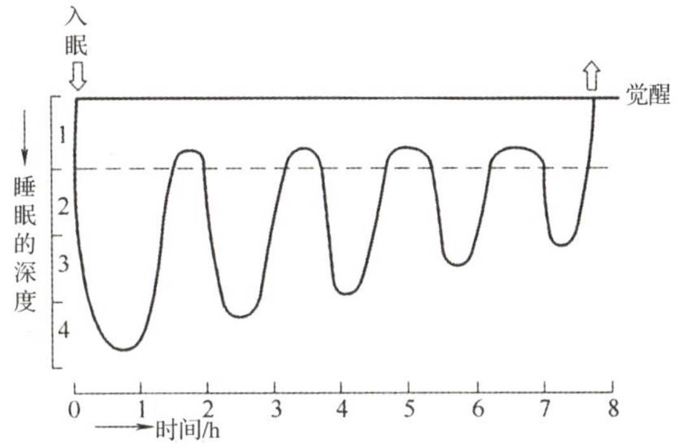

图5-31　睡眠深度随时间的变化而变化

（二）床的功能尺寸

床的功能尺寸并不能像其他家具那样以人的外轮廓尺寸为准，这是因为人在睡眠时的身体活动空间大于身体本身（见图5-32）。同时，床的功能尺寸还应考虑人在非睡眠状态时，人体活动的自由与便利性。此外，还应注意安全问题。

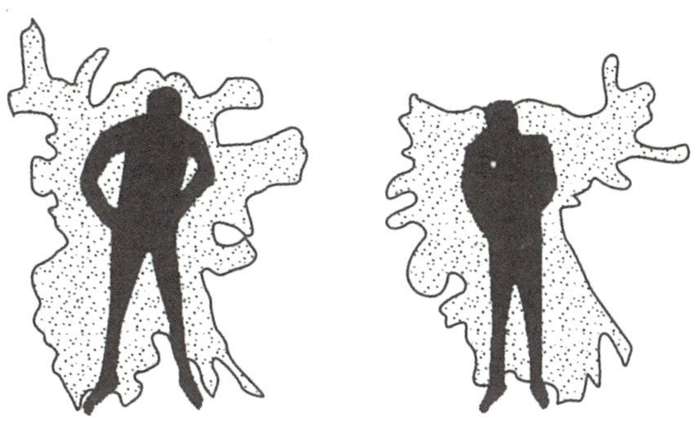

图5-32　人睡眠时的活动空间

1. 床的宽度

通过试验研究发现，床的宽度与人的睡眠效果有着密切关系，也就是说，床的宽窄直接影响人睡眠时的翻身活动。研究还发现，人在处于将要入睡状态时的床宽应大于50 cm；处于熟睡状态时，通过人体脑波观测睡眠深度与床宽的关系，发现床宽的最小界限应为70 cm。当床比该宽度窄时，人的睡眠深度会明显减小，从而影响睡眠质量。图5-33为床的不同宽度与睡眠深度的对应关系。

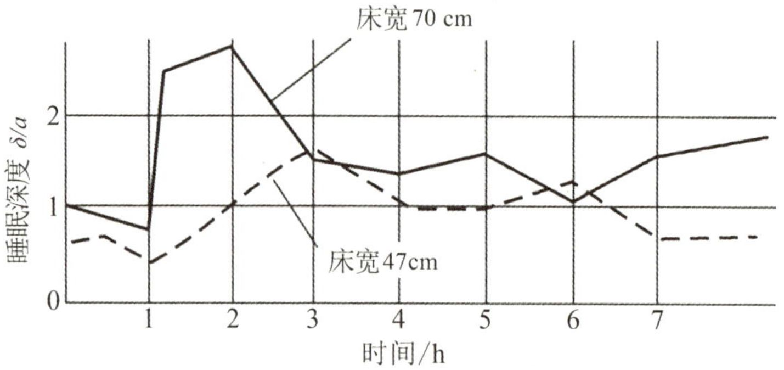

图5-33　床的宽度与睡眠深度的关系

床的宽度应为人体仰卧时肩宽的2.5～3倍。即床的宽度可用如下公式表示并加以计算：

$$B=(2.5\sim3)W$$

式中：

B——床宽；

W——成年男子平均最大肩宽。

我国国家标准GB/T 3328—2016《家具　床类主要尺寸》中规定：单人床宽度有720 mm、800 mm、900 mm、1 000 mm、1 100 mm、1 200 mm六种；双人床宽度有1 350 mm、1 500 mm、1 800 mm三种。

2. 床的长度

床的长度应考虑人体在躺下时的肢体伸展范围，以及头顶和脚部需留出的活动空间。由此可见，床的长度应比人体实际长度多出许多，如图5-34所示。即床的长度可用如下公式表示并加以计算：

$$L=1.05h+\alpha+\beta$$

式中：

L——床长；

h——平均身高；

α——头部余量，常取10 cm；

β——脚后余量，常取5 cm。

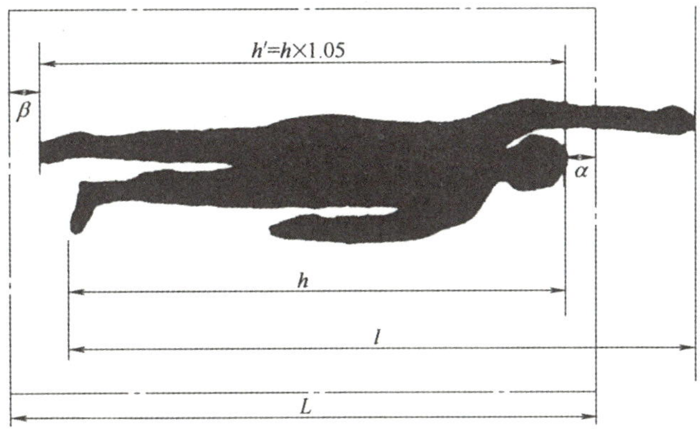

图5-34　床的长度示意图

注　意

为了使床可满足大部分人的使用，即床的长度应以高百分位的人体尺寸作为标准进行设计。

我国国家标准GB/T 3328—2016《家具　床类主要尺寸》中规定：单床屏床（带床头的床）的床面长度有1 900 mm、1 950 mm、2 000 mm、2 100 mm四种；双床屏床的床面长度有1 920 mm、1 970 mm、2 020 mm、2 120 mm四种。

3．床的高度

床的高度是指床面与地面之间的垂直高度。一般情况下，床的高度以略高于使用者的膝盖高为宜，这个高度上、下床都较为方便，同时，大部分床的高度与椅高一致，使之同时具有坐、卧功能。

我国国家标准GB/T 3328—2016《家具　床类主要尺寸》中规定：需放置床垫的床高范围为240～280 mm，不需放置床垫的床高范围为400～440 mm。一般情况下，床高以420 mm最为舒适。表5-4为我国国家标准GB/T 3328—2016《家具　床类主要尺寸》规定的单层床的主要尺寸。

表5-4　单层床主要尺寸

单位：mm

床面长		床面宽		床面高	
双屏床	单屏床			放置床垫	不放置床垫
1 920 1 970 2 020 2 120	1 900 1 950 2 000 2 100	单人床	720 800 900 1 000 1 100 1 200	240～280	400～440
		双人床	1 350 1 500 1 800		

对于双层床而言，其层间净高必须保证下铺使用者在就寝和起床时有足够的动作空间，但也不能过于高，这是因为过高会造成上铺的使用者上下不便及上层空间不足。

表5-5为我国国家标准GB/T 3328—2016《家具　床类主要尺寸》规定的双层床的主要尺寸。

表5-5　双层床主要尺寸

单位：mm

床面长	床面宽	底床面高		层间净高		安全栏板缺口长度	安全栏板高度	
		放置床垫	不放置床垫	放置床垫	不放置床垫		放置床垫	不放置床垫
1 920 1 970 2 020	720 800 900 1 000	240～280	400～440	≥1 150	≥980	500～600	≥380	≥200

（三）床垫的构造

当人体处于卧姿时，可使人体骨骼肌肉完全放松，有利于恢复体力。由于床是提供睡眠、休息，消除一天疲劳、恢复体力和补充精力的主要家具，因此，床的设计还必须考虑床与人体生理机能的关系。

1．卧姿时，人体脊柱的形态

人体在卧姿时的骨骼结构不同于人体直立时的骨骼结构。人在直立时，脊柱呈最自然的姿势，背部和臀部凸出腰椎4～6 cm，呈S形状；人在卧姿时，背部和臀部的凸出比人体直立时减少了2～3 cm，腰椎接近于伸直状态，如图5-35所示。所以，床面的软硬程度应保证人躺下时背部与床面有2～3 cm的空隙。

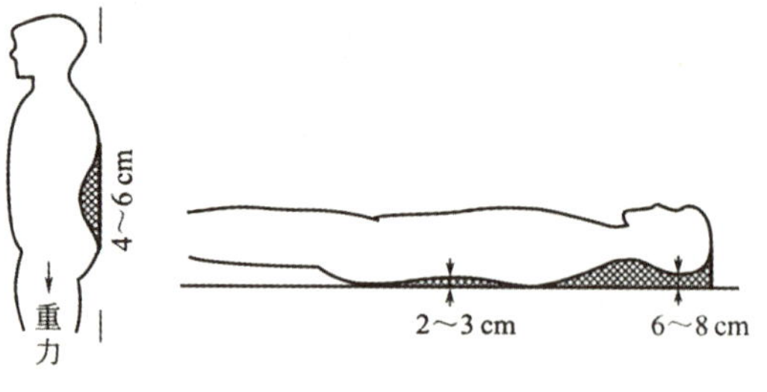

图5-35　站姿时与卧姿时的背部形状差异

此外，人直立时，身体各部位重量在重力方向上相互叠加，垂直向下；而人卧姿时，身体各部位重量同时垂直向下，但由于身体各部位的重量不同，因而各部位的下沉量也不相同。如果支撑人体的垫子过软，则身体较重的部位（如臀部）下陷就深，较轻的部位（如足部）下陷就浅，这样会使人体腹部相对上浮造成身体呈W形（见图5-36），导致脊柱的椎间盘内压力增大，令人难以入睡。

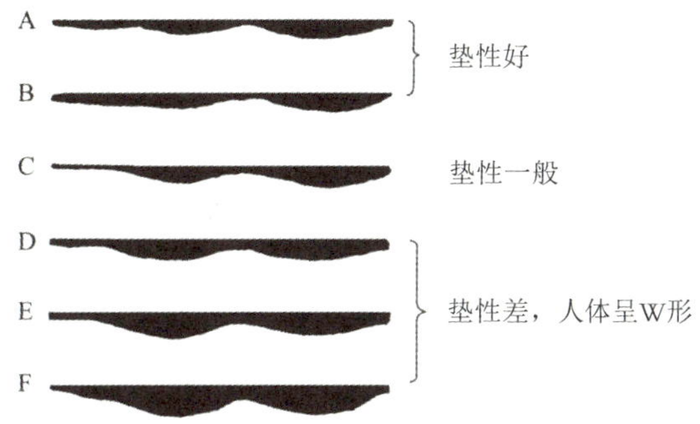

图5-36　人体在不同垫性床垫上的仰卧下沉曲线

2．卧姿时，人体的体压分布与床垫特性

人体卧姿的舒适程度与体压分布直接相关。图5-37和图5-38是用不同方法测量出的人卧姿时身体的体压分布情况。

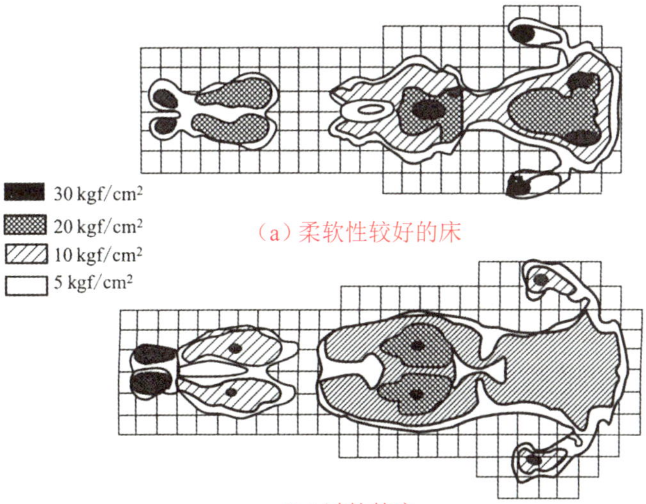

（a）柔软性较好的床

（b）过软的床

图5-37　人体在软硬不同的床垫上的压力分布

（a）软床垫　（b）硬床垫

图5-38　人体仰卧时在不同床垫上的背部等高线图

由图5-38可知，软床垫（见图5-38a）与身体的接触面较大。而当床面较硬时，身体压力分布较不均匀（见图5-38b），多集中在几个小的区域，这样易造成局部血液循环不好和肌肉受力不均等；当床面较软时，则可以解决床面较硬造成的问题。需要注意的是，床垫并不是越软越好。

此外，床的软硬程度对睡眠姿势也有影响。调查发现，人体在使用过软的床时，约有8%的时间处于仰卧状态；使用软硬适中的床时，约有45%的时间处于仰卧状态；而使用较硬的床时，约有30%的时间处于仰卧姿态。因此也可以说，过软的床没有过硬的床的舒适度高，当然，软硬适中的床舒适度最佳。

3．床垫的结构形式

床垫的设计应从床垫的软硬度、缓冲性等结构因素上考虑。

要使床垫具有缓冲性，且保持整体的刚性，这就需要多层的复杂结构。床垫构造以三层构造为宜，如图5-39所示。最上层A层是与身体接触的部分，必须是柔软的，可采用棉质等混合材料来制造；中间B层应采用较硬的材料，可由木棉、纤维棉等压制，以保持身体可整体水平上下移动；最下层C层是当床垫受到冲击时可起吸振和缓冲作用的一层，可采用弹簧、棕垫等材料来制造。综上所述，由这三层结构组成的床垫才能使人体得到最佳的休息。

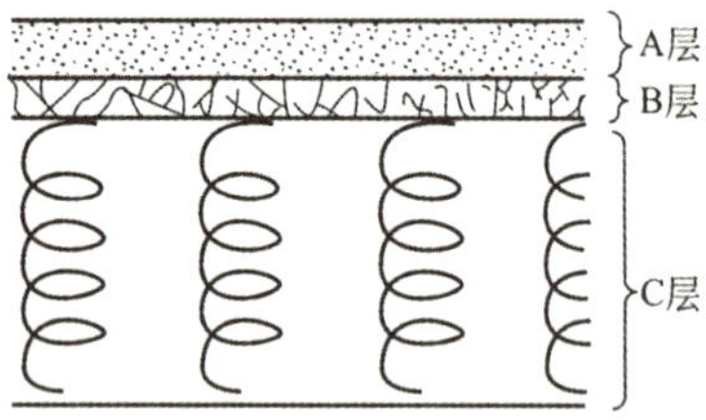

图5-39　床垫的三层构造

符合人体工程学的床垫

拓展阅读

常用床垫的类型

1．弹簧床垫（见图5-40）

弹簧床垫是指将一圈圈线径较粗的弹簧，以钢线连接固定制造而成的床垫。弹簧床垫的优点是弹性好，硬度较高，性能较优，透气性较强，同时承受力较强、较为耐用。

2．乳胶床垫（见图5-41）

乳胶床垫又叫PU泡沫床垫，是指由聚氨酯类化合物制成的床垫。乳胶床垫与人体接触面积较大，能平均分散人体重量的承受力，达到全方位的支撑，具有矫正不良睡姿的功能。此外，乳胶床垫和其他种类床垫相比，不会产生噪音，且无震动，可有效提高睡眠质量。

图5-40　弹性床垫

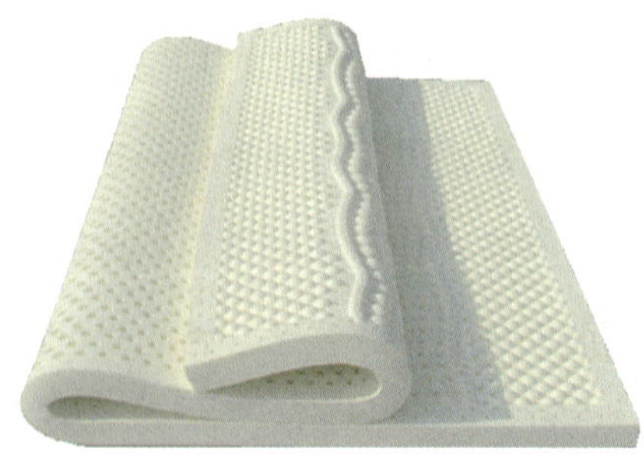

图5-41　乳胶床垫

3．充气床垫（见图5-42）

充气床垫是指经过充气后体积膨胀的一种床垫。充气床垫具有很好的柔韧性和弹性，并且不易变形，舒适度较好，承受能力较好，结实耐用且方便携带。

4．棕榈床垫（见图5-43）

棕榈床垫是指由棕榈纤维编制而成的床垫。棕榈床垫的软硬程度适中，介于硬板床和弹簧床垫之间，且柔韧性较好。虽然棕榈床垫价格相对较低，但易塌陷变形，保养不好易虫蛀或发霉，故没有其他类型的床垫耐用。

图5-42　充气床垫

图5-43　棕榈床垫

第三节

人体工程学与储存类家具的设计

在人们日常生活和工作中，储存类家具（如橱、柜、架）用来储存物品。这类家具应依据人体操作活动的可能范围，即依据人在站立时，人体手臂的上下活动空间进行设计。同时，为了方便存、取物，这类家具大多都会进行分段。

一般来讲，可将储存类家具的高度分为上、中、下三个区域，如图5-44所示。下部区域为从地面至人站立时手臂自然下垂手指尖的垂直距离，即高度为600 mm以下的区域，在该区域存取物品时人体需蹲下，较为不便，故一般放置一些较重或不常用的物品，也可放置鞋子等杂物。中部区域是以人肩为轴，上肢为半径的活动范围，即高度为600～1 800 mm区域。该区域是存取物品最方便、使用频率最高的区域，也是人视线最易看到的区域。上部区域是以人在立姿时单手托举的最大高度为限，即高度为1 800 mm以上的区域，在该区域存取物品时一般需要借助其他工具（如梯子）才能够及，因此，可在该区域放置一些不常用或者较轻的物品。

在上述储存区域内，还可根据人体动作范围及储存物品的种类设置搁板、抽屉、挂衣杆等，以方便在日常生活中使用。在设置搁板时，搁板的深度和间距除了考虑物体的尺寸及物品存放方式外，还需要考虑人的视线，即搁板间距越大，人的视域就越好，但这样较浪费空间，故在设计时应统筹安排。

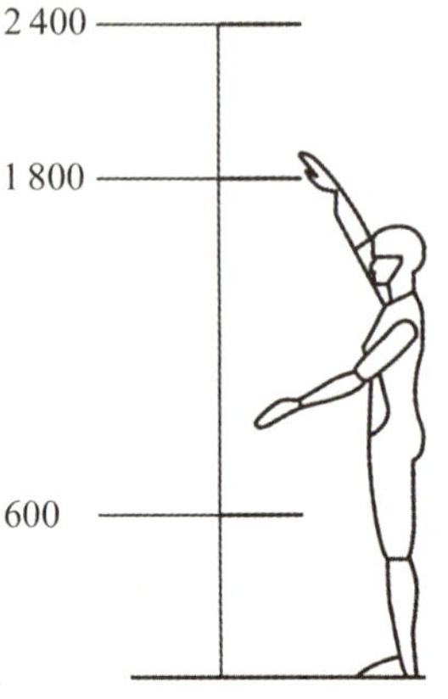

图5-44　储存类家具的高度分区（单位：mm）

一、衣柜的功能尺寸

衣柜的功能尺寸主要包括高度、深度、挂衣架高度、底部容脚空间和抽屉尺寸。我国国家标准GB/T 3327—2016《家具　柜类主要尺寸》对衣柜空间内的各项尺寸给出了明确的限制（见表5-6及图5-45）。

表5-6　衣柜内空间尺寸

单位：mm

柜体空间深		挂衣架上沿至顶板内表面间距离H_1	挂衣架上沿至底板内表面间距离H_2	
挂衣空间深（T_1）或宽（B_1）	折叠衣物放置空间深T_1		适于挂长外衣	适于挂短外衣
≥530	≥450	≥40	≥1 400	≥900

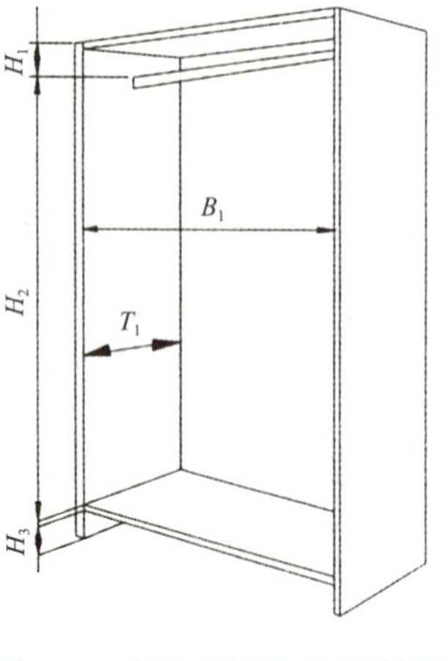

图5-45　柜内空间尺寸示意图

（一）衣柜高度

衣柜的高度应主要依据服装长度的上限（1 400 mm）、挂衣架高度、应留空间、底座高等尺寸的综合高度来设计。一般情况下，衣柜高为1 800～2 000 mm，最高不宜超过2 200 mm。

（二）衣柜深度

一般而言，衣柜的深度主要应考虑人体肩宽尺寸，存放物品的尺寸和取放物品时的伸够距离，即应按照人体平均肩宽再加上适当的活动空间而定，但深度不宜超过人体上臂的长度。

我国国家标准GB/T 3327—2016《家具　柜类主要尺寸》中规定：衣柜的深度应≥530 mm。

（三）挂衣架高度

衣柜挂衣架的高度应以人站立时上肢便于到达的高度为宜。我国国家标准GB/T 3327—2016《家具　柜类主要尺寸》中规定：衣柜空间内挂长衣时，挂衣架上沿至底板内表面的距离应≥1 400 mm；挂短衣时，挂衣架上沿至底板内表面的距离应≥900 mm。

（四）抽屉

衣柜中抽屉的宽度和深度常按照衣服折叠后的尺寸为依据来进行设计。我国国家标准GB/T 3327—2016《家具　柜类主要尺寸》中规定：抽屉深度应≥400 mm，底层抽屉面下沿离地面高应≥50 mm，顶层抽屉上沿离地面高度应≤1 250 mm。抽屉尺寸示意图如图5-46所示。

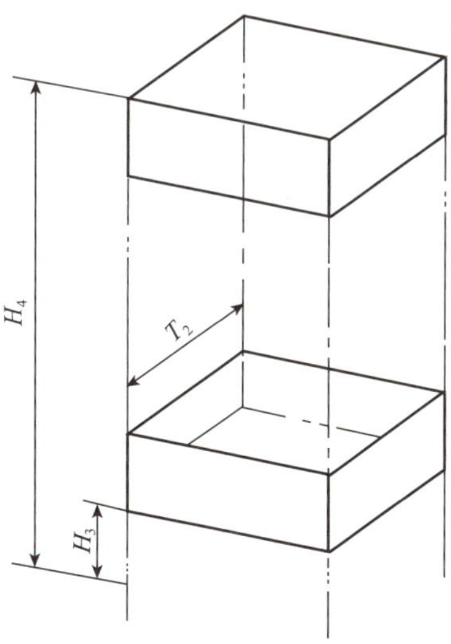

T_2—抽屉深；H_3—底层抽屉面下沿离地面高度；H_4—顶层抽屉上沿离地高度。

图5-46　抽屉尺寸示意图

（五）柜内镜子

如果是附有穿衣镜的衣柜，穿衣镜高度应根据柜体高度来确定。

我国国家标准GB/T 3327—2016《家具 柜类主要尺寸》中规定：镜子上沿离地面高应≥1 700 mm，但装饰类镜子不受高度限制。

二、橱柜的功能尺寸

（一）橱柜的功能尺寸

橱柜在厨房中有着不可或缺的地位，若想自如存取餐具，便要合理设计橱柜的功能尺寸，使之符合人体工程学。橱柜按照放置位置可分为底柜和吊柜，分别放置在厨房工作区的上下方。同时，厨房内的所有管道可被巧妙地暗藏于底柜和吊柜内部，以使整个厨房看起来干净、整洁。

1. 底柜

（1）底柜高度

在厨房空间中，底柜的高度即为工作台面的高度。日常生活中，人在切菜、备餐时若一直处于弯腰姿态，易造成肌肉疲劳，久而久之，还会引起肌肉永久性疼痛。因此，应通过实测、统计、分析等方法，从而得到最为舒适的工作台面高度（底柜高度）。

研究表明，人在切菜时，上臂和前臂应呈一定夹角，这样可以最大限度地调动身体力量，双手也可相互配合工作。通过对不同身高的人对工作台高度的舒适度做测试，得出表5-7所列数据。

表5-7 不同身高的人与最舒适的工作台高度

单位：cm

身高	150	153	155	158	160	163	165	168	170
最舒适的工作台高度	79	80	81.5	83	84	85.7	86.5	88	89

由表5-7可得，身高相差5 cm，其最舒适工作台的高度一般相差2.5 cm左右。一般情况下，底柜高度在800～910 mm范围内较为合适。

（2）底柜深度

在厨房空间中，底柜深度即为工作台台面的宽度。

底柜深度主要依据人手臂伸直后的肩部至手指尖的长度来设计。在我国，女性平均单臂长为65 cm，男性平均单臂长为74 cm。根据测量，在距身体53 cm的范围内存取物品较为轻松。此外，还应考虑排油烟机罩的纵深，如果工作台面过窄，会影响抽油烟效率。

一般情况，底柜深度应≥450 mm，常用深度应在600～660 mm范围内。

2. 吊柜

吊柜是指安装在底柜上方的储物柜。在吊柜的设计上，除了吊柜本身的高度和深度外，还应考虑吊柜的厚度、安装的高度，以避免人在厨房活动的过程中发生碰头危险。

一般情况下，吊柜的高度应≤220 cm。另外，考虑到老年人的身高，因此，老龄化家庭的厨房吊柜高度不宜超过180 cm。

（二）橱柜的基本布局形式

在室内空间中，厨房的面积不仅相对其他空间来说面积较小，且内部环境也较为复杂。厨房内部的各种管道，给装修、配置家具带来了一定的难度。因此，厨房中应根据实际情况选用合适的橱柜布置方式。

厨房橱柜的布局形式

橱柜的布局形式主要有单排型、双排型、L型和U型四种。

1. 单排型（见图5-47）

单排型橱柜布局是指工作区域在厨房的一侧，所有的储藏物均能触手可及。这种布局形式适用于小面积厨房。

2. 双排型（见图5-48）

双排型橱柜布局是指将工作区域分布在两侧，其空间比较紧凑。该布局形式便于操作，所有的储藏空间也都触手可及。当厨房宽度较大时，可选用这种布局形式。

图5-47　单排型布局厨房

图5-48　双排型布局厨房

3. L型（见图5-49）

L型橱柜布局是指工作区域布局呈L型，即工作区域分布在相邻的两侧。这种布局形式空间安排合理，且工作效率高，在其对面可安排就餐区及额外储藏区。但是，L型布局的交角处会形成死角储藏，在取物时较为不便，因此，可在此增加旋转装置（见图5-50）。

图5-49　L型布局厨房

图5-50　橱柜内的旋转装置

4. U型（见图5-51）

U型橱柜布局是指工作区域布局呈U型，即工作区域分布在空间三侧。这种布局形式适用于面积较大的厨房。其缺点是在两侧均出现死角储藏区，在设计时均需增加旋转设置。

综上所述，厨房的布局形式可根据实际面积、使用需求等因素合理布局。

图5-51　U型布局厨房

三、书柜的功能尺寸

我国国家标准GB/T 3327—2016《家具　柜类主要尺寸》对书柜的某些尺寸作了限定（见表5-8及图5-52）。

表5-8 书柜尺寸

单位：mm

	宽（B）	深（T）	高（H）	层间净高（H_2）
尺寸	600～900	300～400	1 200～2 200	（1）≥230 （2）≥310
尺寸极差（ΔS）	50	20	第一级差200 第二级差50	—

书柜都带有隔板，其隔板间距可按多数书籍的高度进行分层，层间高通常以书本上限再预留20～30 mm的空隙为宜，以方便取书和通风。由于目前发行销售的图书尺寸规格一般为16开本和32开本，因此，书柜的层间高通常分为两种，即230 mm和310 mm。同时，考虑到书柜所摆放的物品不仅仅有书籍，还有杂志、影集等规格较大的物品，因此，各层间高一般选择300～350 mm较为合适。

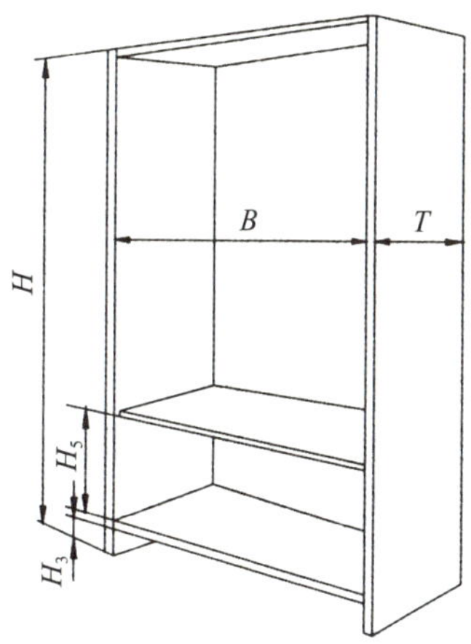

图5-52 书柜尺寸示意图

提 示

书柜的功能是存放书籍、杂志等物品，除了层高和深度应符合各类书籍大小外，还须按人体动作尺度来考虑它的高度和结构上的接合强度。

思考题

1. 简要说明工作面高度的设计应遵从哪些原则。
2. 在设计工作用椅时，应考虑哪些方面？
3. 简要说明床的功能尺寸。
4. 根据人们手臂所能触及的范围，简要说明衣柜的空间尺度可分为哪几个区域。
5. 简要分析书柜的主要尺寸范围。

自信中国

明式罗汉床——人体工程学妙用的杰作

在中国古代，人体工程学尚未形成，但中国古典家具设计中处处体现着工匠们对人体工程学的应用。尤其是到了明代，人体工程学在家具设计中已经得到足够的重视。家具的设计不仅考虑到了人的生理结构，而且也考虑到了人的心理因素，已明确提出了要按人体的结构和尺度来设计家具，家具的造型设计、材料的选用、装饰纹样、色彩图案等更多考虑到人的心理需要。例如，明式的罗汉床就是把精巧、实用的传统美学思想与人体结构有机结合起来，已明确提出了家具的设计要符合人体工程学的原理。

和谐的比例尺度使得明式罗汉床造型优美，显得沉稳、端庄。经研究发现，罗汉床的长度、深度数值契合当代家具之中单人床的长度与宽度尺寸，其背高高度与现代家具之中沙发的高度基本契合。因此，罗汉床作为可卧可坐可靠的家具，符合人体工程学，尺度合宜，舒适实用，可用于现代空间之中。此外，罗汉床独特的床围结构也是其重要的特征。在造型上，床围造型多变多样，有独板式、攒边装板式、攒斗式，如图5-53所示；在功能上，床围可以起到保护和挡风的作用，并能增强隐私性；在审美上，床围上雕刻各种图案纹饰，精美异常，令人赏心悦目，如图5-54所示。

图5-53　罗汉床的不同床围造型

图5-54　精美的床围纹饰

第六章

人体工程学在室内空间设计中的应用

学习目标

1. 了解室内空间。
2. 了解人体工程学在居住空间设计中的应用。
3. 了解人体工程学在办公空间设计中的应用。
4. 了解人体工程学在商业空间设计中的应用。
5. 了解人体工程学在展示空间设计中的应用。
6. 了解人体工程学在餐饮空间设计中的应用。

思政目标

1. 为满足群众日益增长的美好生活需要而不懈奋斗。
2. 培养实践创新、精益求精的工匠精神。

学习要点

1. 认识人的生理与心理空间。
2. 掌握居住空间的空间规划，以及色彩、材质、光环境设计。
3. 掌握办公空间功能要素与布局及办公空间环境设计。
4. 明确消费者购物行为动机，掌握店堂空间组织与环境氛围创造要点。
5. 明确人的观展行为与特性，掌握展示空间设计要点。
6. 了解餐饮动机与餐饮环境氛围，掌握餐饮空间环境设计要点。

第一节

室内空间概述

随着人们生活质量的提高，人体工程学在室内设计领域的应用越来越多，其主要作用在于通过对人的生理和心理的正确认识，了解人与空间的相互关系，从而使室内环境适应人们的活动需要。

一、室内空间的分类

室内空间是人们用于生活、工作、娱乐等活动的场所，它不仅应从尺度上满足人们各种活动的要求，还应从生理、心理等方面满足人们的需要。根据人们对室内空间的不同需求，可将室内空间分为行为空间、生理空间和心理空间三类。

（一）行为空间

行为空间是指满足人行为活动所需的空间尺度，一般应从人体动态尺度和行为活动范围两方面来考虑。

例如，在室内厨房空间中，为了能够顺利完成炊事活动，厨房的通道应留有足够的空间，以保证人可正常通过。一般情况下，单用户厨房的通道宽度应大于107 cm，多用户厨房通道宽度应大于122 cm，该尺寸下的通道既可满足正常人的需求，还可满足特殊人群（如乘轮椅患者）通行的需要，如图6-1所示。

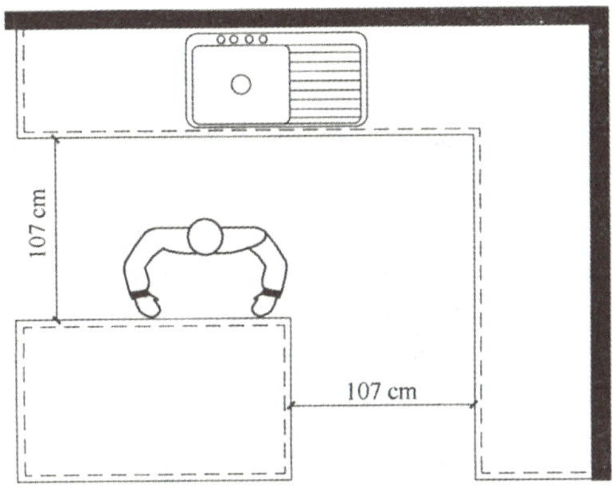

（a）单用户厨房工作通道

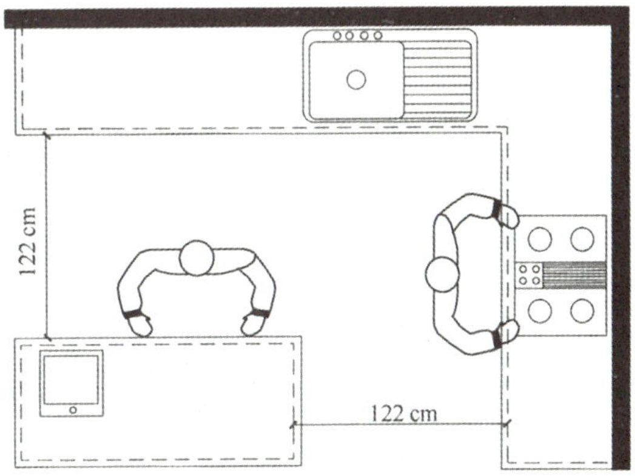

（b）多用户厨房工作通道

图6-1　厨房空间尺寸

（二）生理空间

生理空间是指满足人生理需求的空间尺度。例如，视觉上需要满足采光条件的窗户的大小，嗅觉上所要求的通风口的大小。

如图6-2所示，别墅落地窗的设计，不仅为室内提供了充足的采光，而且增强了室内外的交流，将室外景色引入室内，使室内外空间更好地融合在一起，从而更好地满足人们在视觉上的空间要求。

图6-2　满足人们视觉要求的空间设计

（三）心理空间

心理空间是指满足人们心理需求的空间大小。不同功能空间所需的心理空间大小也不相同。例如，在机场排队登机时，为了节约时间、尽快登机，人们需缩小彼此间距离而排队登机，这时所需要的心理空间就较小；而在环境静谧的咖啡厅洽谈事务时，若相邻座位离得太近，则会引起人们的不安和烦恼，这时所需的心理空间就大些。

在实际应用中，行为空间、生理空间和心理空间是密不可分的，三种空间相互渗透、相互作用。如图6-3所示，室内木质隔断的使用，不仅保证了视觉上的通透性，而且加强了空间的次序感，同时还利用地面高差加强了空间的动感与起伏变化。

图6-3　空间的分隔

二、室内空间的尺度

从人体工程学的角度出发，室内空间的设计应以“人”为中心，应以“人”在空间中的活动尺度和活动要求为主要依据，从而最大限度地减少人在空间中的不便与不适，使各种活动可快捷、高效地完成。

室内空间尺度主要由三部分组成：一是根据室内活动行为所确定的人体活动空间尺度；二是根据室内活动标准所确定的家具设备的空间尺度；三是根据活动者的行为、生理和心理要求所确定的空间尺度。

下面将简要介绍起居室、餐厅、厨房、卧室、卫生间、办公室、展览陈列室等常用空间的尺寸，供大家设计时参考。

（一）起居室常用空间尺寸

（1）起居室是人们日间的主要活动场所，其平面布置应按会客、娱乐、学习等功能进行区域划分。

（2）起居室与通道应避免相互干扰。

图6-4为常见的起居室活动空间尺寸。

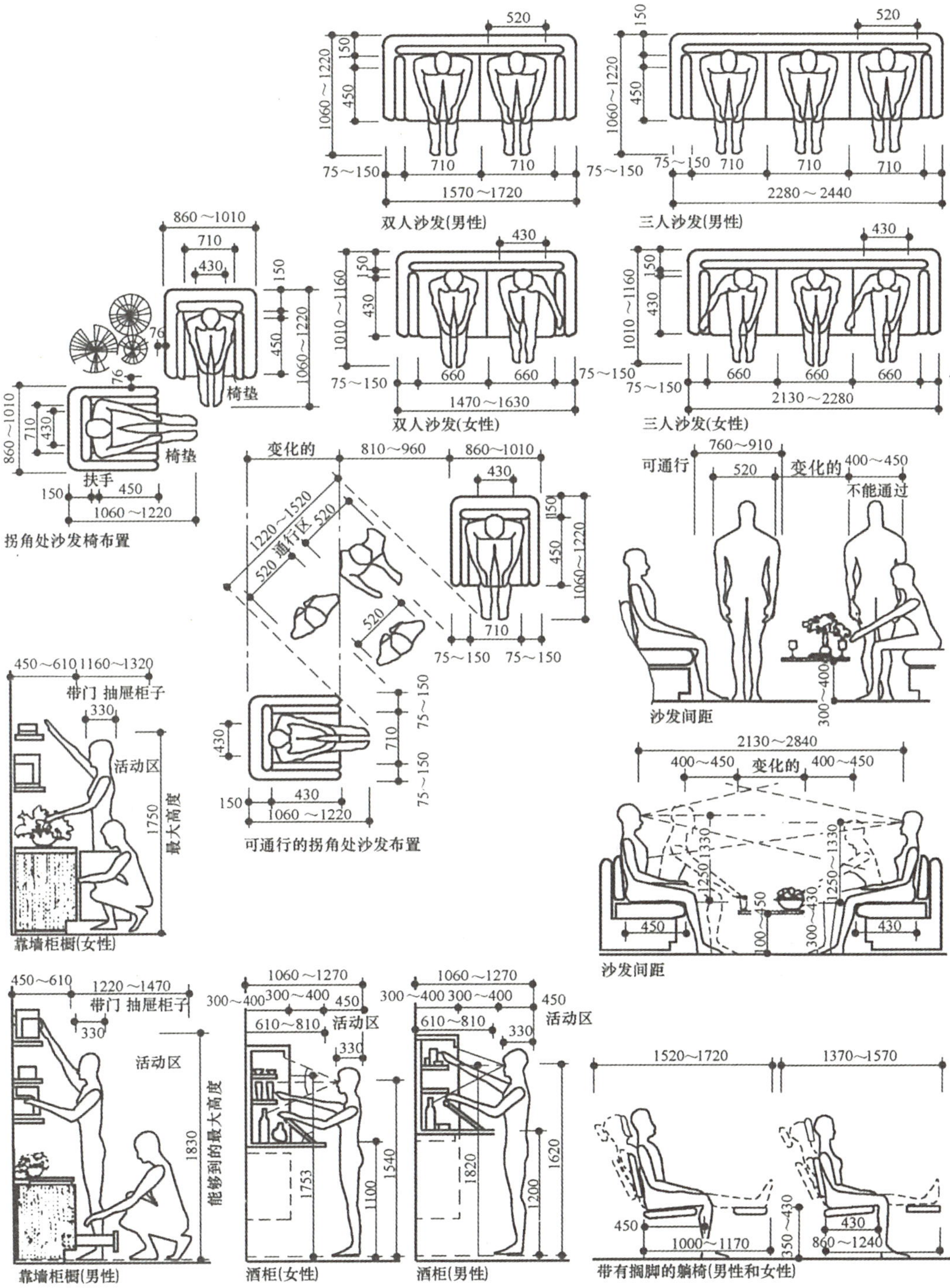

图6-4　起居室活动空间尺寸（单位：mm）

（二）餐厅常用空间尺寸

（1）餐厅可单独设置，也可设置在起居室靠近厨房的一隅。

（2）就餐区域的尺寸应考虑人的来往、服务等活动。

（3）正式的餐厅内应设有备餐台、餐具贮藏柜等设备。

图6-5为常见的餐厅活动空间尺寸。

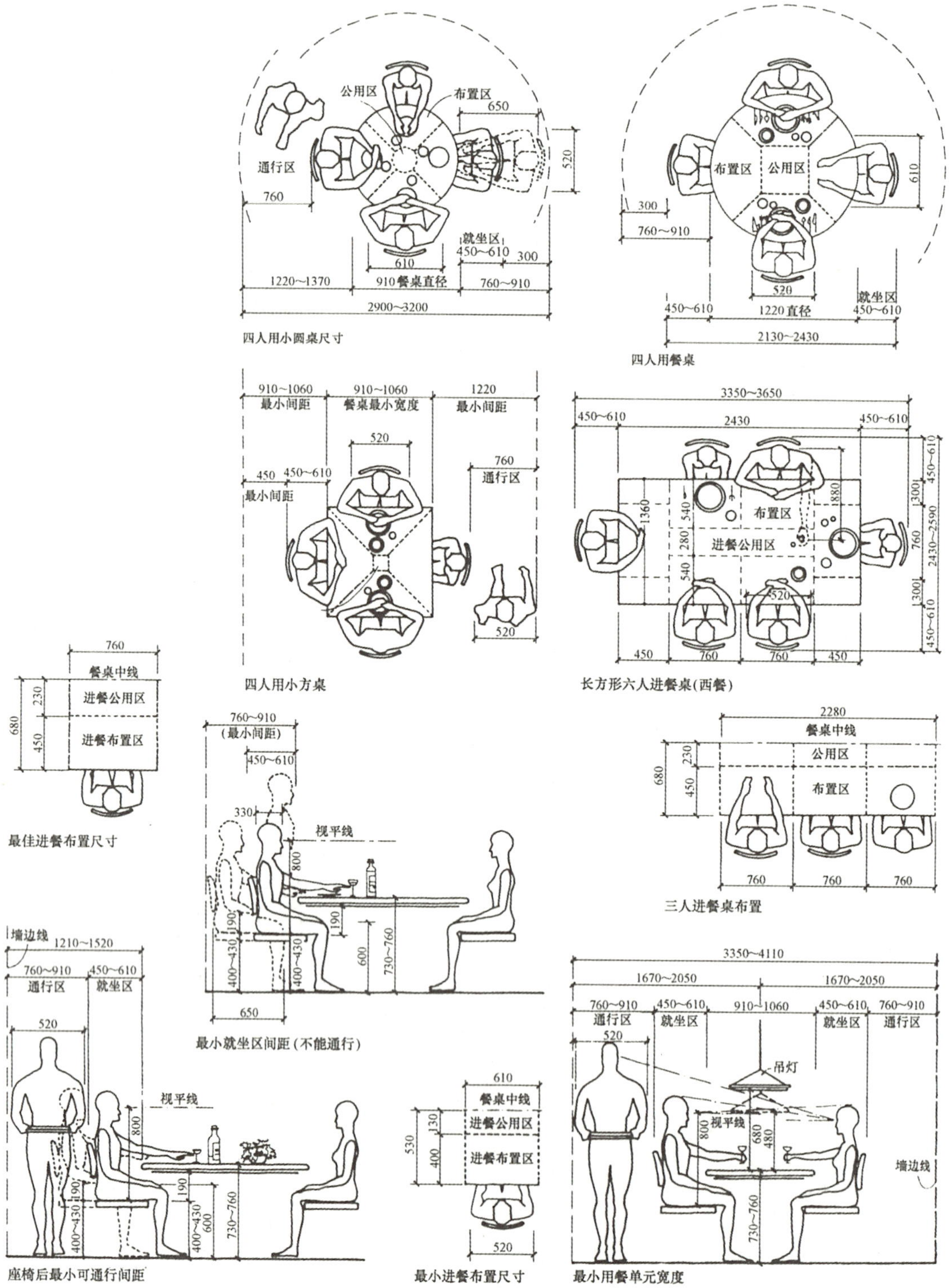

图6-5　餐厅活动空间尺寸（单位：mm）

(三)厨房常用空间尺寸

(1)厨房设备及家具的布置应按照烹调操作的顺序来布置，以方便操作，避免走动过多。

(2)厨房平面布置除了考虑人体和家具尺寸外，还应考虑家具的活动。

图6-6为常见的厨房活动空间尺寸。

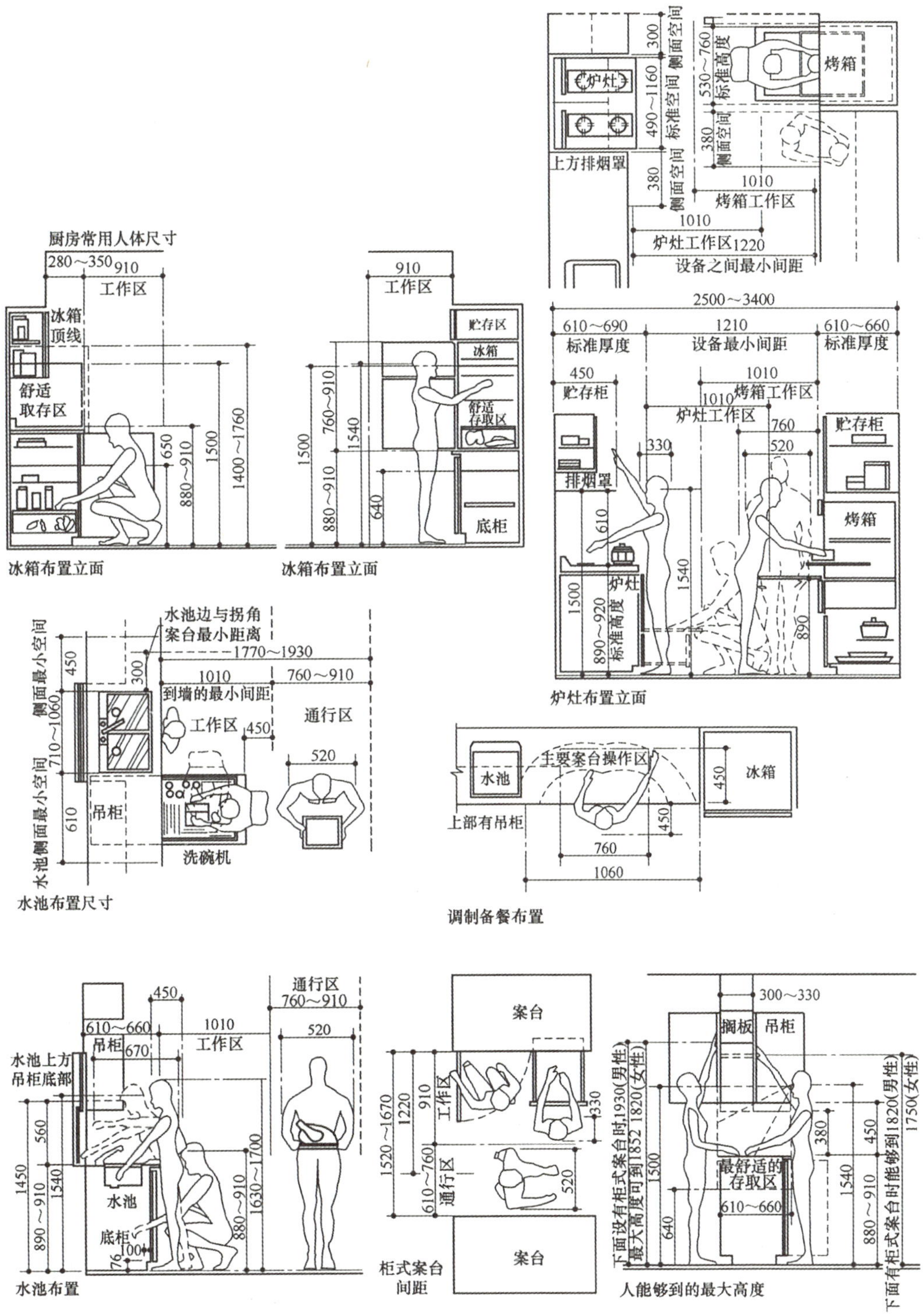

图6-6　厨房活动空间尺寸(单位：mm)

（四）卧室常用空间尺寸

卧室的功能布局应有睡眠、贮藏、梳妆及阅读等区域。其平面布局应以床为中心，且睡眠区域应相对安静。

图6-7为常见的卧室活动空间尺寸。

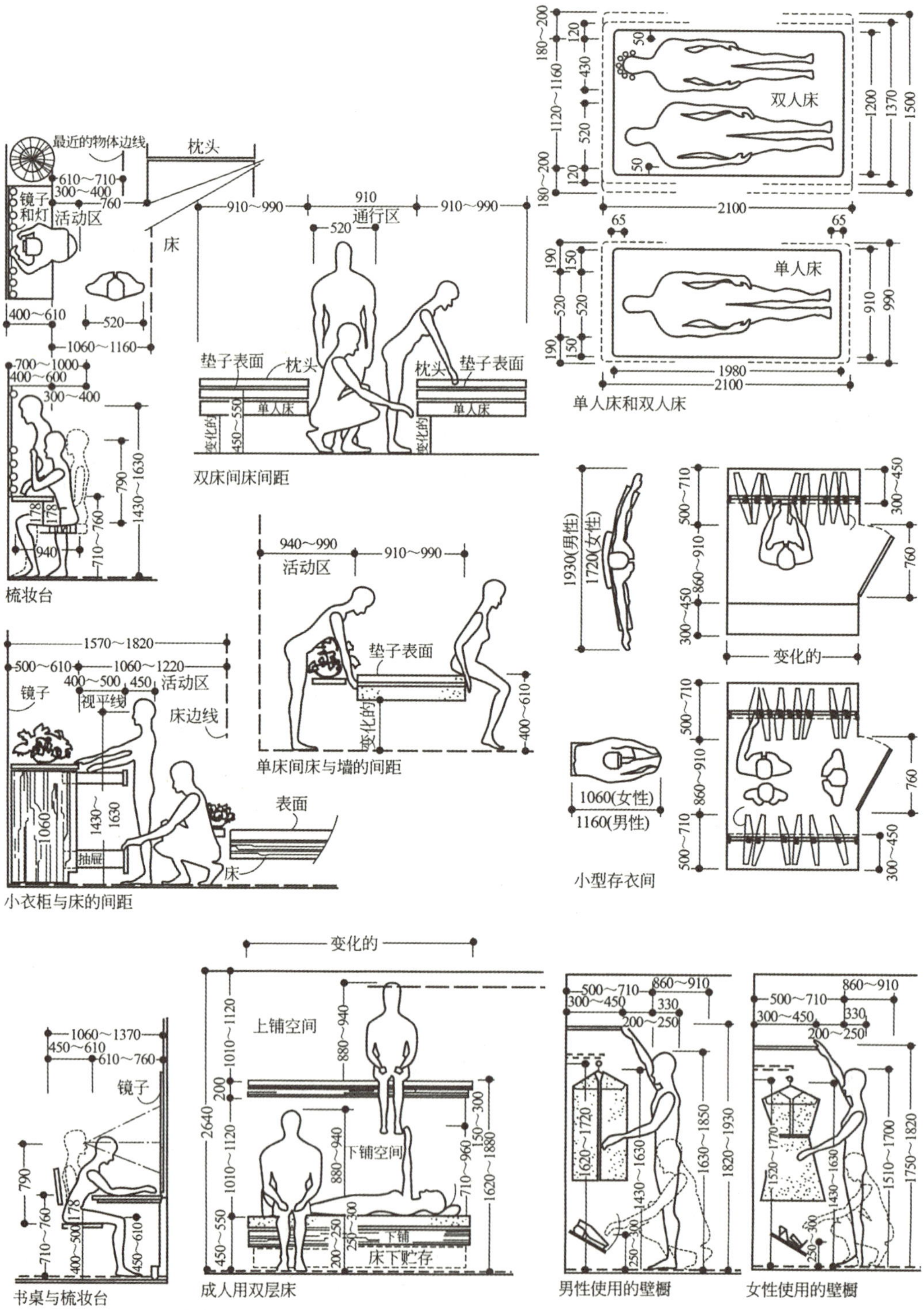

图6-7　卧室活动空间尺寸（单位：mm）

（五）卫生间常用空间尺寸

（1）卫生间的洗浴区应与马桶分开，若不能分开，应尽可能设置隔屏、帘子等。

（2）在浴缸及马桶旁边应设置尺度适宜的扶手，以方便年老体弱者及患者使用。

图6-8为常见的卫生间活动空间尺寸。

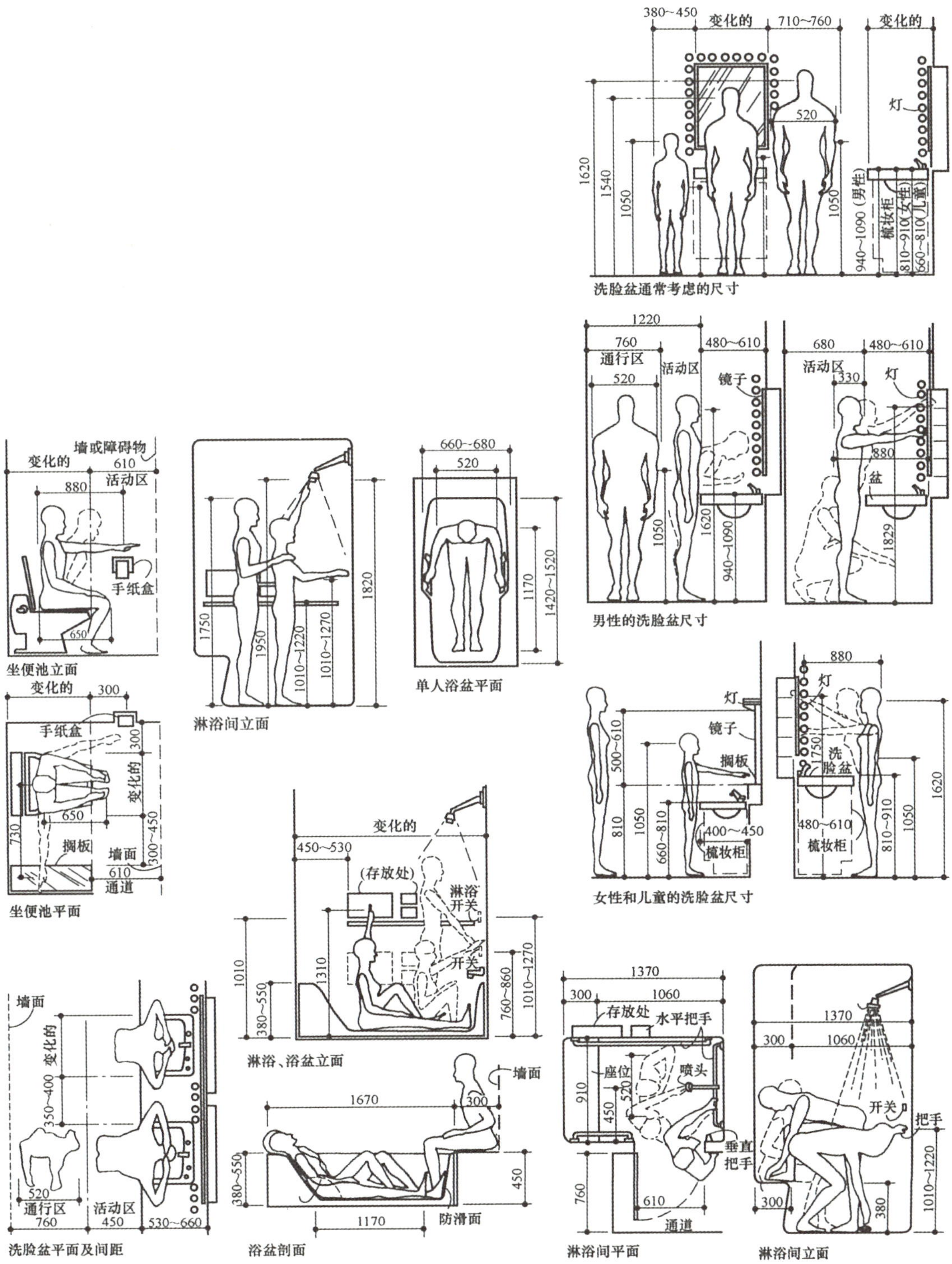

图6-8 卫生间活动空间尺寸（单位：mm）

（六）办公室常用空间尺寸

1. 普通办公室的设计要点

（1）独立办公室的空间布局应主要考虑各种功能的分区，既要分区合理，又应避免人过多走动。

（2）对于集体办公室的空间布局，应首先考虑按工作顺序来安排每个人的位置及办公室设备的位置，且应避免相互间的干扰；其次，空间内的通道应布局合理，避免来回穿插及走动过多等问题的出现。

图6-9为常见的普通办公室活动空间尺寸。

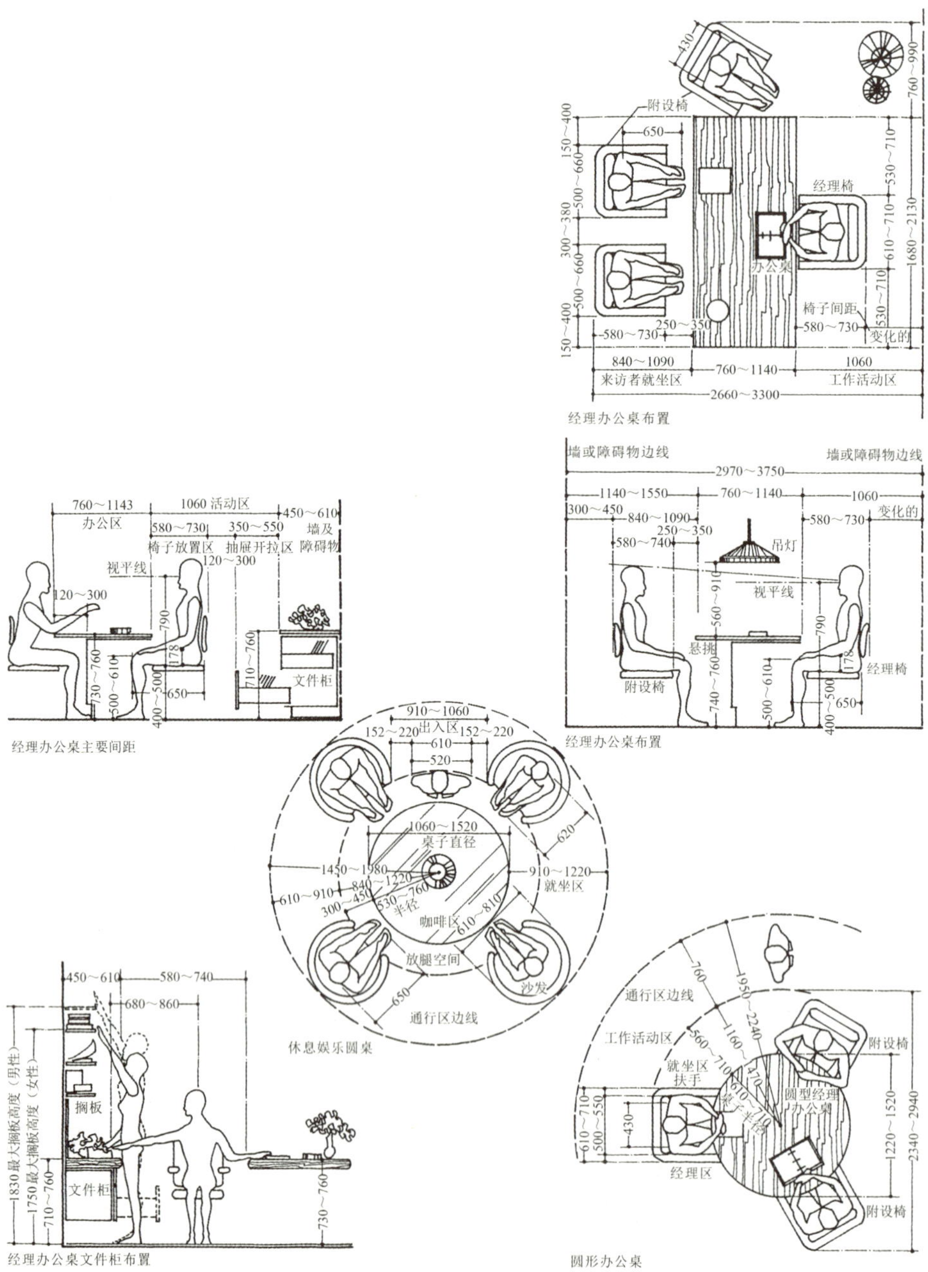

图6-9　普通办公室活动空间尺寸（单位：mm）

2. 开放式办公室的设计要点

(1) 开放式办公室的特点是灵活可变，一般由各种隔屏和家具组成。

(2) 开放式办公室应注意通道的布置，且办公单元应按功能进行分组。

图6-10为常见的开放式办公室活动空间尺寸。

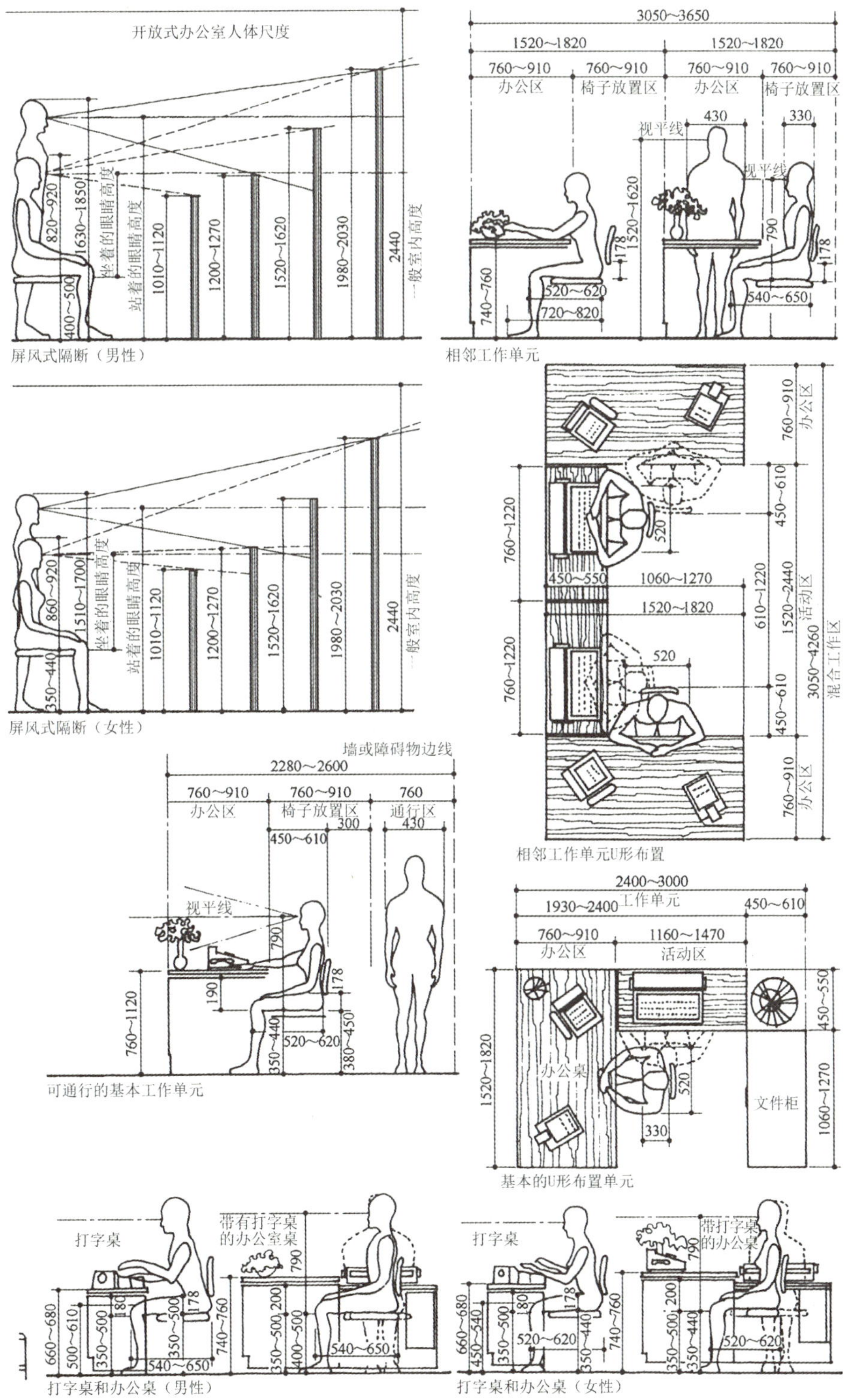

图6-10 开放式办公室活动空间尺寸（单位：mm）

（七）展览陈列空间的设计要点

（1）展览陈列空间内的参观路线应根据展览内容做适当的布置，如连续性强的串联式、各个独立的并行式或多线式等。

（2）展览陈列空间布局应满足参观路线的要求，避免迂回、交叉，且应合理安排休息区、展品及工作人员的便捷出入口。

图6-11为常见的展览陈列空间活动尺寸。

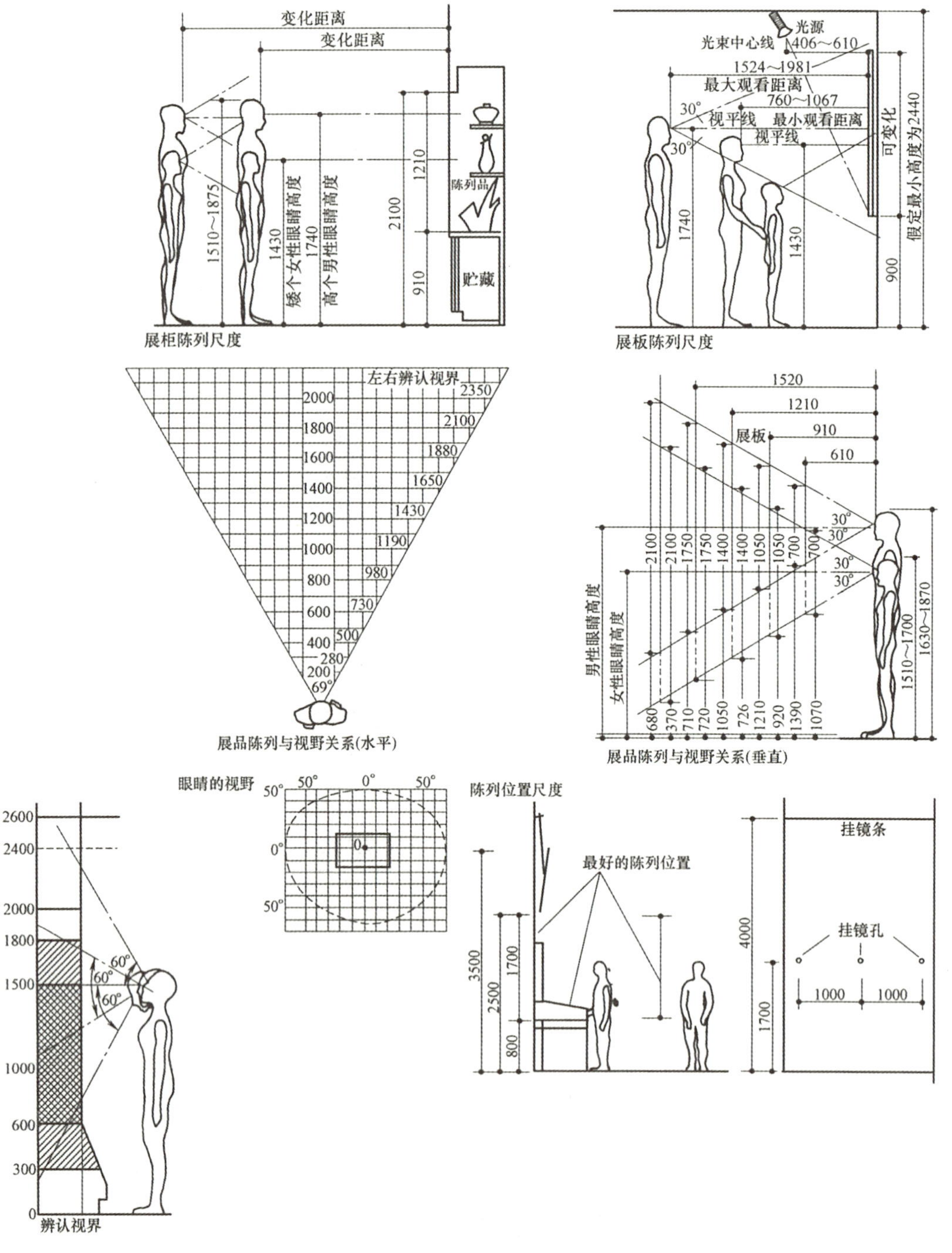

图6-11　展示空间活动尺寸（单位：mm）

第二节

人体工程学在居住空间设计中的应用

居住空间与人们的生活密切相关，是我们每一个人日常生活中最为熟悉的空间部分。居住空间设计是以满足人的物质功能需求和精神功能需求为主要目的，旨在为人们提供一个健康、舒适、方便、安全及高质量的空间环境。虽然居住空间面积不大，但涉及的问题却很多，包括空间规划、空间尺度、采光、照明、通风、安全、舒适、交通等人体工程学知识，并且每一个问题都与人的日常起居关系密切。

一、居住空间设计的原则

在进行居住空间设计时，设计师应遵循以下四个原则。

（一）安全

在保证居住空间发挥正常功能作用前，任何设计首先应考虑的问题都是安全问题。在进行居住空间设计时，安全问题首先表现在应注意和避免对建筑原结构的调整；其次，在装修装饰过程中应重视天然环保材料的使用；然后，凡是直接接触人皮肤部位的空间位置都要保持光滑、无刺伤危险；此外，在有老人与小孩的居中空间中，还应考虑无障碍设计，以防止发生意外。

（二）健康

居住空间设计的目的是服务于人，因此，在设计时，应始终坚持“以人为本”的设计理念，确保人的安全和身心健康。其中，身心健康包括两个层面，“身”是指生理层面健康，“心”是指精神层面健康。

1. 生理层面健康

生理层面是指室内采光、通风、采暖、私密性、材料的选择等方面都应符合人体工程学，且所设计的空间应贴近家庭每个成员的生活，使他们使用起来非常舒适和易用。例如，卫生间的除臭设计、无障碍设计，厨房操作台尺寸合理，环保材料的选用等。

2. 精神层面健康

精神层面是指室内设计应重视环境心理、审美心理等方面给人带来的影响，即应从科学、人文方面深入了解家庭各成员的行为心理、视觉感受等，从健康的角度综合处理人与空间的关系，从而更好地体现以人为本、健康设计的理念。

（三）舒适

室内空间的舒适度主要取决于空间封闭程度带来的开敞与私密性，以及空间大小带来的旷奥度（空间的开放性）；同时也取决于空间内人、物、活动、噪声、色彩、图案等的相互关系。因此，要想营造出一个舒适的空间环境，就需要处理好室内陈设与空间的良好关系，以及物体、空间色彩、尺度等各因素相互间的关系。

（四）美观

室内空间内的设计都应遵循一定的美学规律，如比例、尺度、均衡、对比、协调、变化、统一、色彩和质感等。人们通过观察空间内的形、色、光、布局陈设等，可产生主观的审美情感，这种情感对人的心理有着不同程度的影响。

二、居住空间的规划

（一）居住行为空间的秩序模式

人们在居住空间内的活动行为有很多，我们可以选择其中最常见的一些行为，然后将这些行为及其规律用图表形式表达出来。

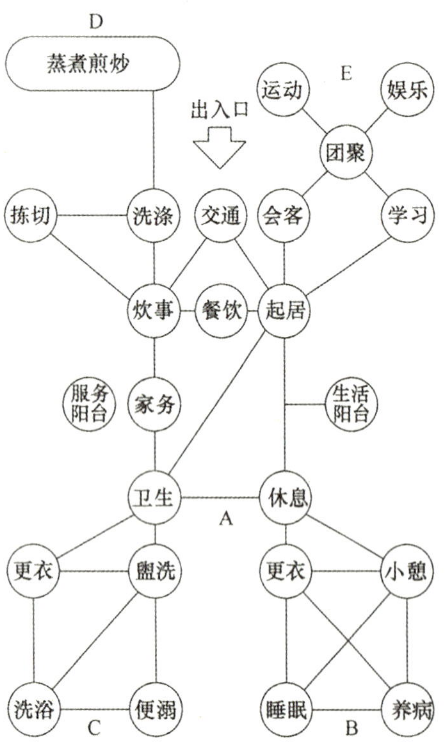

图6-12　居住空间的功能关系示意图

图6-12给出了某一居住空间的功能关系，每个圆圈表示一种功能空间，它可以是一个建筑实体，也可以是一个空间。圆圈之间的连接线，表示了各功能空间之间关系的密切程度，它可能是过道，也可能是门或隔断。

（二）空间划分与流线组织

居住空间功能是否合理，人们在居住时是否安全、舒适、便利等，主要取决于居住空间的功能划分和流线组织。在分析了人们居住行为空间秩序模式后，可以此为依据对居住空间进行功能分区。

一般情况下，完整的居住空间应具备八大基本功能，即起居、就餐、厨卫、就寝、储藏、工作、学习、休闲。这些功能区域可根据其开放程度大体分为公、私两区；根据其活动特点分为动、静两区。具体划分如下。

- **公共区：**供人们起居、会客使用，如门厅、客厅、餐厅等。
- **私密区：**供人们处理私人事务、睡眠、休息使用，如卧室、书房、卫生间等。
- **动区：**活动比较频繁，可存在较多干扰源的区域，如走廊、客厅、厨房等。
- **静区：**活动相对较少，要求安静、没有过多干扰源的区域，如书房、卧室等。

这些分区，各自都有着明确的使用功能。因此，在空间流线组织上，应使各功能空间的秩序符合人的行为特征和心理需求。例如，可以过道来分隔各功能空间。

图6-13为某住宅空间功能划分与流线组织图。由该图可知，该住宅内厨房、餐厅和客厅都设置在了进门的开始处，而卧室与书房都被设置在空间的末端，从而做到了空间功能上的动静分区。图中线条所表示的是空间内的行为流线，一般情况下，在流线通过的位置上不宜放置物品，以避免干扰居住者的行为动作。

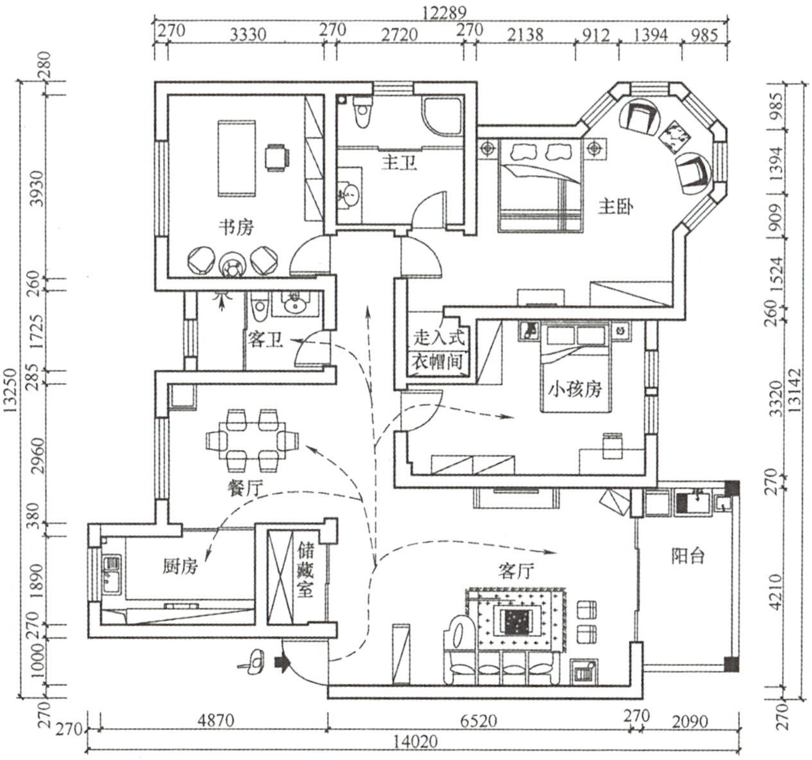

图6-13　某住宅空间功能划分与流线组织（单位：mm）

此外，随着人们对生活质量的要求越来越高，人们的生活方式也日益多元化。例如，卧室空间在功能上可集休息、休闲、观赏等于一体；厨房也不再局限于传统式的布局，现代开放式的厨房渐渐成为人们享受美食、休闲娱乐、放松身心的场所。

如图6-14所示，该住宅空间入户门厅处较为开敞，这为居住者提供了较好的视线效果。客厅与餐厅错落有致，既不遮挡视线，又保留了趣味性，使两个空间通而不透。另外，整个空间布局以左右分区来限定空间的功能，且交通流线明确、通畅，从而达到了空间动、静分离的效果。

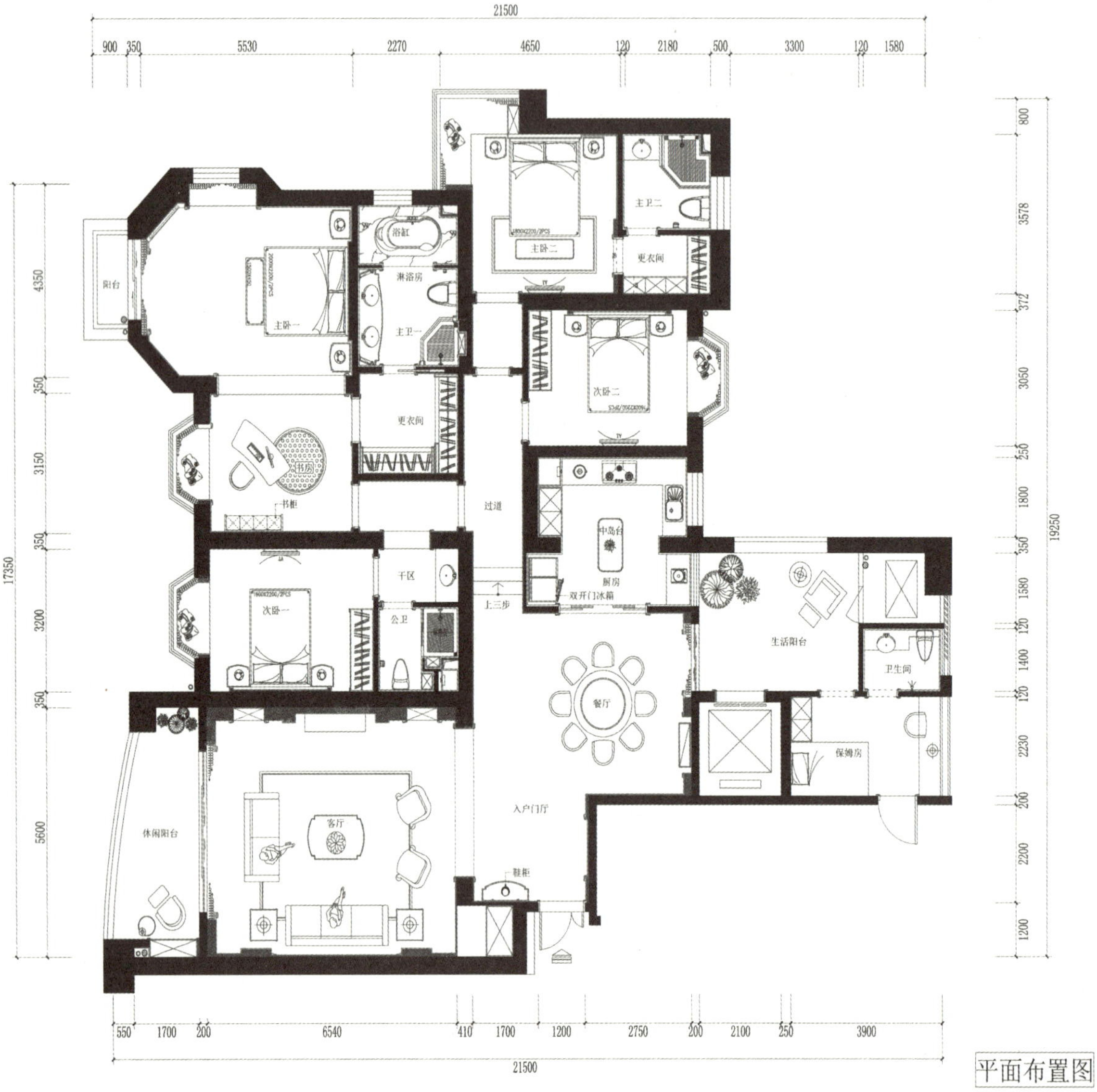

图6-14 某居住空间平面布置图（单位：mm）

课堂互动

如图6-15所示，谈一谈你对该户型平面布局的看法。

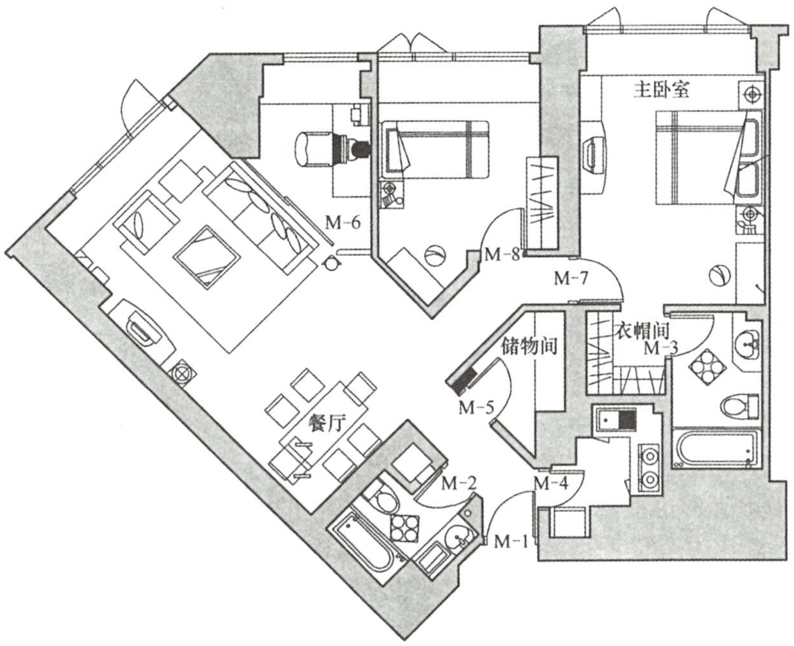

图6-15　某住宅空间平面布置图

三、居住空间色彩与材质设计

（一）居住空间的色彩设计

室内色彩不仅是创造视觉效果、调整气氛和表达心境的重要因素，而且具有表现性格、调节光线、调整空间、配合活动及适应气候等诸多功能。

1. 居住空间色彩的组成部分

居住空间色彩一般可以分为三个部分，即背景色彩、主体色彩和强调色彩。

（1）背景色彩

背景色彩是指室内空间中固定的天花板、墙面、门窗和地板等大面积的色彩。这部分色彩适于采用彩度较弱的沉静颜色，以使其充分发挥背景色彩的烘托作用。如果室内空间过高，则天花板可采用略重的下沉感色彩，地板可采用较轻的上浮性色彩，从而使室内空间高度在视觉效果上得到适当的调整；相反，若室内空间层高较矮，则天花板可采用较轻的上浮性色彩，地板可采用略重的下沉感色彩，从而使室内空间在视觉效果上产生较高的感觉。

此外，如果室内空间过于狭小、拥挤，或者没有充足的采光，则在室内色彩设计上可选用具有后退感和明度相对较高的色彩来处理墙面，从而营造出宽敞和明亮的效果。反之，若室内空间过于宽敞、明亮，则可以选用具有前进感的色彩来处理墙面，从而使空间变得亲切而紧凑。例如，卫生间的墙面可选用白色与浅蓝色作为主色调，不仅显得空间干净、清爽，而且使原本狭小的空间变得舒适宜人，如图6-16所示。

（2）主体色彩

主体色彩是指室内空间中可以移动的家具、织物和陈设部分等的中等面积的色彩。主体色彩是构成室内环境色彩的最主要部分，是组成各种色调的基本因素。

一般来讲，若室内空间较宽大时，家具或其他陈设均应选用具有膨胀感、纯度较高的色彩，从而使室内空间产生充实的感觉；若室内空间较为拥挤、狭小时，空间内的家具与其他陈设应选用具有收缩感、纯度较低的色彩，以营造出室内宽敞的感觉。

如图6-17所示，在空间大小适中的情况下，通过选用米灰色调的家具及灰蓝色系的织物，营造出柔和、典雅的氛围。同时，其色彩与墙面也相互协调，从而使整个房间看起来和谐统一。

图6-16　选用白色与浅蓝色为主色调的卫生间

图6-17　主体色彩为米灰色调的室内空间

（3）强调色彩

强调色彩是指室内空间中最易发生变化的陈设部分的小面积色彩，这部分色彩的处理方式可根据居住者的性格、爱好及环境需要进行设计。

一般情况下，可以根据不同室内空间的采光要求，选用一些反光率较高或者较低的色彩对室内光亮进行调节。若室内采光较好、光线较强，则可选用反射率较低的色彩，以平衡强烈光线对人视觉和心理上造成的刺激；若室内采光较差、光线较暗，则可选用反射率较高的色彩，使室内光线效果得到适当的改善。如图6-18所示，该室内空间天花板、墙面以白色为主色调，空间内

图6-18　家具及陈设的强调色彩

深色木地板、蓝紫色布艺沙发、亮色圆凳的陈设，调节了空间气氛，给光线过强的空间增添了活跃感。

2. 常见居住空间的色彩设计

对于居住空间来说，室内色彩设计常将人的心理感受与室内空间功能联系起来，力求和谐统一，从而营造出一个和谐、舒适、安全的家居环境。不过，由于室内空间的布置不是一成不变的，因此，随着空间功能的不同，各空间的色彩配置也不相同。一般而言，常见的居住空间的色彩设计如下。

（1）玄关

玄关是居住空间内部与室外的过渡空间。相对其他空间，玄关面积一般较小，为弥补此缺陷，其在色彩上宜选用暖色和明度较高的色彩，以使空间显得敞亮。

（2）起居室

起居室是家庭活动的中心，是居住空间中功能最多、最能体现居住空间整体风格的空间。由于该空间内家具、陈设品较多，其色彩应采用多层次组合与局部突出的设计手法。起居室整体色彩基调应以明亮、温馨、舒适为主，其局部小面积色彩可选用纯度较高的色彩进行点缀（如艺术品、挂件等）。如图6-19所示，室内墙面与地面选用白色、原木色作为大面积色调，搭配深色系的沙发与圆桌，在色彩上形成对比；同时，蓝色椅子与黄色椅子的运用，活跃了空间气氛，使空间更加生动；此外，色彩丰富的装饰画，使白色墙面变得活泼。

（3）卧室

卧室是人们睡眠、休息的空间，也是私密性要求较高的空间。一般而言，其色调应以温暖、宁静、柔和为主；在色彩选用上，多以中彩度、中低亮度的色系为主，以便营造利于睡眠和休息的氛围，如图6-20所示。

图6-19　起居室色彩设计

图6-20　卧室色彩设计

对于儿童卧室，其色彩可以高纯度和中纯度色彩为主，如图6-21所示。对于老年人卧室，其色彩一般选择古朴、平和、沉稳的颜色，如乳白色、乳黄色等素雅的颜色，如图6-22所示。

图6-21　儿童卧室色彩设计

图6-22　老年人卧室色彩设计

（4）书房

书房是用于阅读、学习、工作及思考的空间，其色调应以雅致、庄重、和谐为主，如图6-23所示。一般而言，书房的色彩可选用米色、褐色、浅绿、灰色等颜色，应尽量避免选用彩度较高、对比强烈的疲劳色。

（5）餐厅

餐厅是日常家人共同进餐或宴请亲友就餐的空间。据调查分析，暖色调的餐厅有助于人们增进食欲，不仅给人温馨感，而且还能促进人们之间的情感交流。浅色调的餐厅给人以明快、干净的感觉，为人们提供了清新、愉快的就餐环境。如图6-24所示，原木色的餐桌，白色的餐椅，给人以清爽、干净感，吊灯、餐具、花束的搭配，默默地诠释着居住者的生活品味与内涵。

图6-23　棕色调的书房

图6-24　浅色调的餐厅

（6）厨房

厨房的色调应以明亮、洁净的色调为宜。其空间一般以浅色、冷色为主，给人干净、舒适、凉爽的感觉。同时，浅色还给人扩大空间的感觉，如图6-25所示。

（7）卫生间

卫生间的色调应以素雅、整洁为宜，色彩通常以乳白色、淡绿色、浅蓝色最佳，以营造出明亮、清洁感。此外，卫生间色调也有以灰色系、深色系为主色调的，与洁具色彩形成鲜明对比，极具个性。如图6-26所示，该卫生间整体色调以白色为主，镜面的设置使空间更为开阔，淋浴区马赛克瓷砖的使用，不仅做到干湿分离，而且与白色洁具形成了对比。

综上所述，居住空间内的色彩搭配应采用“大调和、小对比”的方法，使整个空间色彩和谐统一，使室内色调主次分明、相互衬托，从而达到既妙趣横生又舒适温馨的效果。

图6-25　厨房的色彩设计

图6-26　卫生间的色彩设计

（二）居住空间的材质选择

居住空间各界面及家具、陈设等材质的选用，应考虑人们近距离长时间的视觉感受、肌肤接触及材料给人的主观感受等。首先，为了安全起见，所选用的材质不应有尖角或过分粗糙之处；其次，对于皮肤直接接触的家具表面，宜选用柔软、温和的材质。

另外，不同功能的室内空间，其材料的选择也有所区别。由于地面主要为人、家具及设备提供支撑，因此，其最基本的要求是平整、安全。例如，客厅、餐厅的地面宜选用木质地板、瓷砖或石材等较易清理的铺面材料；厨房、卫生间的地面宜选用花岗岩、地砖等防滑、防水、易清洁的材料。

有实验表明，木质材料的质感较好，硬度较为适宜，且木材有自动调温和调湿的作用，其导热性和防滑性等特性都较为适合作为室内装饰材料。此外，木材的自然纹理具有良好的心理效应，可使人感到安逸，有着稳定情绪的作用。因此，在人们生态环保意识日益增强的今天，木材所具有的环保、再生的优势逐渐突显出来，已被越来越多的人选用作为室内装饰材料。

案例赏析

木质元素的运用

某居室设计时以灰色作为空间的主基调，搭配藏青色的家饰，以中性的色彩带出焕然一新的视觉效果。室内家具的选择以线条简约柔和为主，配以几件独特的配饰，营造出简约却不失质感的空间氛围。

该室内空间中的一大亮点是木质元素的大胆运用。在起居室中，木质地板与花色瓷砖的拼接，使空间稳重又不失活泼，如图6-27所示。在餐厅中，线条圆润的餐桌椅给空间带来了柔和感，搭配绒面沙发和金属感的元素极大地提升了空间的质感，如图6-28所示。此外，用木质移门代替厚实的墙壁分割卧室与餐厅，可推拉的设计让空间更显宽敞，如图6-29所示。

图6-27　木质地板与花色瓷砖拼接

图6-28　客厅元素的合理搭配

图6-29　独特的木质移门

四、居住空间的光环境设计

（一）居住空间的照明

居住空间的照明一般可从整体照明、局部照明和装饰照明三个方面来设计，其具体分析如下。

1．整体照明

整体照明是指以一致的方式照亮某一空间，即该照明以一种安全的、确定的方式照亮空间的每一个角落。整体照明通常由顶棚上的照明工具发出，一般采用低度的背景灯光，且光线不刺激，给人以宁静感。整体照明可是直接的（光向下将物体整个照亮）或者是间接的（光被投向一个表面，然后大多数光线再从这个表面反射到房间里，这个表面通常为天花板），间接光线通常可产生比直接光线更为柔和的光线效果。

2．局部照明

局部照明通常是指专门为某个局部设置的照明，其特点是照明集中，照度较高。例如，书房台灯、卧室床头灯、壁灯等的设置。

3．装饰照明

装饰照明是指为创造视觉上的美感而采取的特殊照明形式，通常是利用灯具本身的造型款式和灯光效果来增加环境的韵味和活力，或是为了突出某一被照物的效果。装饰照明虽然兼顾一定的功能性，但更多强调的是其对空间的装饰作用，并形成各种环境气氛和意境。

在我们日常居住空间中，一般可根据不同空间的功能需求，将整体照明、局部照明和装饰照明相结合，以综合照明的方式，为居住者呈现更舒适、美观的室内环境。如图6-30所示，客厅照明以嵌入式筒灯（整体照明）、台灯与落地灯（局部照明）、吊顶内嵌灯带（装饰照明）三种方式结合，使空间看起来更加开阔明亮。如图6-31所示，卧室内采用筒灯（整体照明）与台灯（局部照明）的综合照明，既保证了房间内有足够的亮度，也避免了刺眼的直接照明，使卧室环境更加舒适、温馨。

图6-30　客厅照明

图6-31　卧室照明

（二）光环境设计

一般而言，常见的居住空间的光环境要求如下。

（1）玄关

玄关是居住空间出入的通道，起着空间过渡的作用，其照明设计应大方、庄重。同时，由于玄关空间面积较小，不易采用造型过于复杂的灯具，通常应采用筒灯或壁灯照明作为基础照明，其光线柔和，照明效果较好。

（2）起居室

起居室照明通常以整体照明与局部照明相结合，可采用吊灯或吸顶灯作为整体照明，采用射灯、筒灯、冷光灯作为局部装饰照明，以营造舒适、和谐的起居环境。

例如，可在沙发旁边设置台灯，在沙发顶部通过吊顶设置牛眼灯，或在地面设置落地灯，以丰富光环境的层次。

（3）卧室

卧室照明应以营造出安静、温馨的气氛为主，为此可采用间接照明、漫射光照方法，制造出柔和、惬意的光环境。同时，在床头可设置可调光的台灯或落地灯作为局部照明（见图6-32），以便于人们在卧床时进行阅读。

图6-32　床头设置可调光的落地灯

（4）书房

书房是进行阅读、书写的场所，其照明宜采用整体照明与局部照明结合的方式，其整体亮度应适中，灯光应柔和。同时，书桌上应配合台灯作为局部照明，以方便书房主人伏案工作和阅读。

（5）餐厅

餐厅照明要求色调柔和、宁静，并应具有足够的亮度，不但要保证人们可清楚地看清食物，还应与周围环境、家具相匹配，从而构成视觉上的美感。因此，餐厅照明宜采用显色性较好的向下投射的白炽灯，从而使食物看起来色泽鲜美，进而有助于增进食欲。同时还可设置筒灯、射灯等作为局部照明，通过整体照明与局部照明的结合，减少阴暗对比，烘托环境氛围。

设计实例

如图6-33所示，该餐厅在整体照明的基础上，通过悬挂的吊灯形成空间的局部照明，丰富了空间的光源层次，增加了就餐的情调。

图6-33　餐厅照明示例

（6）厨房

厨房的光环境设计应以实用为主。为了便于操作，通常应选用照度和显色性较高的节能灯。厨房内的光环境设计无须太多层次，一般可分为两层，一层用于满足对整个厨房空间的照明，多采用吸顶灯或嵌入式灯具。同时，为了便于清洁，不宜选用垂钓式灯具；另一层用于满足备餐区域的照明，通常将灯具嵌入吊柜的下部形成局部照明，以满足备餐操作的照明需要，如图6-34所示。

图6-34　厨房嵌入式灯具设计

（7）卫生间

卫生间内光线应柔和，不宜采用直接照射，通常可采用与顶部结合的嵌入式灯具或防潮吸顶灯，以避免水蒸气凝结。同时，为营造良好的环境，还应设置局部照明，如在镜面前设置前灯或壁灯、浴缸上方设置筒灯等。需要注意的是，这些灯具必须采取安全措施，以避免发生漏电现象。

（8）楼梯与走廊

室内楼梯与走廊处的灯光宜选用导向性为主的照明，一般采用白炽光源，其光影不宜太强烈，以避免产生眩光。

五、家具的选择与陈设

在居住空间中，家具的选择和布置首先要满足使用的要求，其次再按照人的视觉和心理特征来布置。

（一）家具的选择

在选择家具时，除了要注意造型、质量、色彩外，还必须根据人的活动规律，人体各部位尺寸和人使用家具时的姿势来确定家具的结构、尺寸和摆放位置。

例如，起居室是家庭群体生活的主要活动场所，是集视听、团聚、会客、娱乐、休闲为一体的空间，其空间内家具主要有沙发、茶几、电视柜等，这些家具的尺寸、造型、颜色、布置直接影响着起居室的格调与品位。

（二）家具的陈设

居住空间家具的陈设既应满足视觉上的审美原则，也要兼顾空间使用功能的要求，体现实用与审美的统一。其陈设方式主要有以下四种。

1. 规则型

规则型是指家具以对称方式陈设。该陈设方式体现了空间的均衡、稳定的状态，给人以庄重、大方感，如图6-35所示。

图6-35　规则型陈设方式

2. 自由型

自由型是指不对称的呈现形式。该陈设方式给人轻松感，休闲区、娱乐区常采用这种形式。例如，电视柜高低配合，形成起伏变化。

3. 中央型

中央型是指将家具布置在室内较为中心位置，周边留出空间。该陈设方式强调家具的重要性，将周围设置成活动区域，以保证中心区域不受干扰和影响。卧室多采用这种陈设方式，如图6-36所示。

4. 围合型

围合型是指家具沿四周墙面布置，以留出中心位置活动，如图6-37所示。

图6-36　中央型陈设方式

图6-37　围合型陈设方式

六、储藏空间的设计

挖掘空间潜力，打造更多储藏空间

一个家庭无论是基于日常生活的使用功能需要，还是从美化家居环境出发，其空间内都需要一定比例的储藏空间。在居住空间中，将多种多样的生活用品巧妙地存放、保管，可以使空间秩序化、整洁化和便捷化，也在很大程度上提高了舒适度和劳动效率。

从人体工程学与室内设计的角度来看，在不影响人们正常活动所需空间的前提下，应挖掘现有的空间潜力，合理利用易被忽视的空间，提高其空间使用效率，以满足人们储存日常生活用品的需要。

（一）储存空间的设计要点

1．储存的地点与位置

在居住空间中，储存的地点和位置直接关系到被储物品的存取是否便利、空间的使用是否合理。例如，常用衣物的储存地点应靠近卧室；食品、调味品的储存地点应靠近灶台及进行备餐活动的区域；书籍的储存地点应靠近书桌、沙发等；清洁用品、化妆品的储存地点应靠近洗手台、化妆台等。

2．储存空间利用程度

储存空间利用程度是指储物空间的使用效率，是指任何一处储存空间是否充分利用、物品的摆放是否合理。物品是储存空间的主体，因此，应根据物品的形状、尺寸来决定物品存放的方式，从而达到节约空间的目的。

（二）储存空间的形式

从类型上分，储存空间的形式可分为封闭式和开敞式两种。

1. 封闭式（见图6-38）

封闭式储存空间一般用来存放一些实用性较强而装饰性较差的物品，如厨房地柜用来储存碗筷、粮油类物品，衣柜用来存放衣物、被褥等物品。这类实用性很强的空间往往要求较大的空间尺度，在造型风格上应与居室风格保持一致，使之在储存物品的同时起到美化空间环境的作用。

2. 开敞式（见图6-39）

开敞式储存空间一般用来存放具有装饰性的物品，如书柜中存放的书籍、藏品，酒柜中存放的各类酒水等。开敞式储存空间多以背景形式出现，主要起衬托作用，因此，其本身的造型、色彩不宜复杂。此外，开敞式储存空间可借助灯光效果，使物品更为突出醒目，细节变化更为丰富，从而使储存空间既实用，又与周围环境很好地融为一体。

图6-38 封闭式储存空间

图6-39 开敞式储存空间

设计实例

在居住空间有限的情况下，床下空间、地面下空间也可以暗藏玄机。例如，将床面做高，打造一个储藏空间（见图6-40）；在室内有阶梯的地方，可利用阶梯的落差打造收纳空间（见图6-41）；又或者在地板下“挖”出一个储藏空间（见图6-42），这些都可将整个空间的收纳功能发挥到极致。

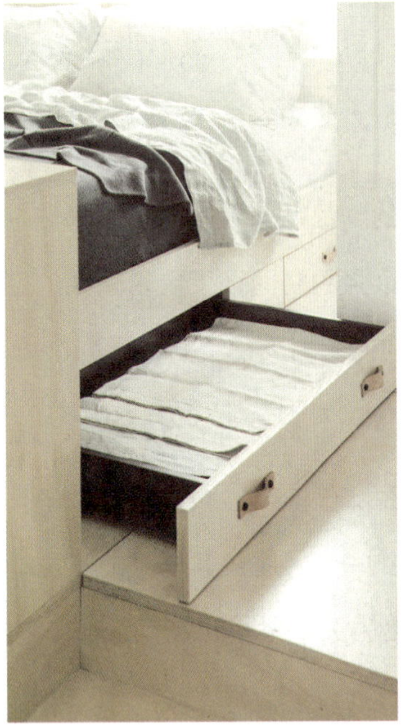

图6-40　床下收纳空间

图6-41　楼梯收纳空间

图6-42　地板收纳空间

七、居住空间的安全因素

在居住空间中，安全设计应主要从以下几个方面进行。

（1）楼梯

在居住空间内设计楼梯时，其楼梯倾斜度应在30°以下，台阶数不宜超过16级，最好在8级时设计一休息平台。同时，台阶的踏面高度以190 mm为宜，踏步宽度以280 mm为宜，且台阶踏面应进行防滑处理。

此外，楼梯的起始与终止位置应安装照明开关，并应在两侧都设置扶手，以保证安全。

（2）地面

地面应保证人在行走时的安全，即地面材料不宜过滑，也不能凹凸不平。在地面上搁置小型地毯时，应保证人在踏上后地毯不会滑动。此外，地面的反光系数不宜过大，否则易形成眩光，从而影响人们行走的安全。

（3）门窗

居住空间内，门的宽度一般在762～813 mm范围内，外门宽应为915 mm，车库门标准宽为2 439 mm。通常，室内窗户应使用安全玻璃，且采用双向开启，距地面最小高度应在762～914 mm范围内。

（4）厨房

在厨房空间内，橱柜的所有边缘不应有尖角，以避免划伤。“U”型通道最小宽度应为1 219 mm；操作台标准高度应为915 mm，深度应为610 mm。吊柜距离操作台表面的距离应大于381 mm，吊柜标准深度为305 mm。

（5）卫生间

卫生间是洗漱、淋浴的空间，其地面应使用防滑地面，或者结合防滑垫设计。在该空间内，开关阀门等应安装在距地面762～864 mm处，喷头的控制阀应安装在距地面1 219～1 321 mm处。毛巾架宜设置在距地面1 100～1 200 mm处。

（6）电器与天然气设备

在室内空间中，电器与天然气设备应使用防潮、防菌、阻燃材料。

第三节 人体工程学在办公空间设计中的应用

随着现代办公设备及设施的不断更新，办公模式也越来越多样化，相应地，办公空间环境也随之发生了较大的变化。人在办公空间中，大部分时间都是处于工作状态的，因此，办公空间的设计目的是为人们营造出一个舒适、方便、卫生、安全、高效的工作环境，以便最大限度地提高人们的工作效率。

一、办公空间中人的行为与空间性质

据统计，现代“办公族”大约有三分之一的时光是在办公室里度过的，办公室也自然地成了现代人生活的中心。随着人们生活、工作节奏的加快，人们的工作压力有增无减，因此，人们对办公环境的要求也越来越高。基于此，如果办公空间环境仅仅只能满足人们工作的基本生理需求显然是远远不够的，还需要研究人在工作过程中的心理需求。

（一）办公空间中人的行为特性

办公空间的规划，实际是对空间内人群行为的规划，若不充分考虑人的行为特性，则所规划的空间将只会给人们带来障碍。针对办公空间来讲，主要涉及以下几种人的行为特性。

1. 对个人空间的需求

在办公空间中，个人空间应是可单独工作、思考、阅读的空间，因此，在设计时应充分考虑个人空间所需要的心理尺度，从而营造出舒适、安全、避免打扰并能提高工作效率和工作质量的个人空间。

2．对人际距离的需求

人们在工作中进行诸如交谈、回话等面对他人的行为时，需要考虑适当的人际距离。人际距离的相关内容可参看第四章第二节相应部分内容。

（二）空间性质

以动、静划分的办公空间

空间性质是从人的行为和心理的角度来定义的。在办公空间中，通常包含了一系列的行为，其中有个人行为，如办公、阅读、思考、独自休息等；也有群体行为，如会见、交流、接待、谈判等。要使空间充分发挥作用，就需要为不同性质的行为提供不同性质的空间，使空间的形式根据特定行为的需要而成立。在办公空间中，人的行为可归纳为以下两组性质的行为：流动与停止，离心与向心。相应的，这两组性质的行为也形成了两组性质的空间形式。

1．流动空间与静止空间

流动空间的尺度合理、组织有序、流线通畅等，是保证该空间办公效率的条件之一。在办公空间中，当各项功能空间分区明确、组织有序时，人们在办公环境中的流动是自然、流畅、目的明确的。静止与流动是相对而言的，静止空间可以说是流动空间的一个节点，在空间上形成动静对比、一张一弛，丰富了空间的变化，增强了空间的节奏。静止空间的设计涉及空间界面的设定、空间布置的稳定感、空间内容的相关性等。

2．离心空间与向心空间

离心空间是指空间设计不适合相互交往、交流，强调个人空间特性的空间；向心空间是指空间设计具有聚合力、能促进交往和交流的空间。在办公空间中，当人们不期望在某一空间中发生积极交往时，则该空间设计应趋向离心，以免造成人们相互之间的尴尬和被动，如等待区、个人工作区等。若某一空间需要营造加强交流、鼓励交往氛围时，则该空间设计应趋向向心，如会议室、讨论空间、娱乐空间等。

二、办公空间的功能要素与布局

办公室布局设计要点

（一）办公空间的功能要素

一般规模的办公空间的功能要素包括前台、接待区、经理办公室、工作区、会议室、财务室、资料室、储藏室、会客室、休息室、卫生间等。大型的办公空间功能要素会更加复杂多样，如专门设置的接待室、企业文化展示厅、开水间等。因此，在办公空间平面功能划分时，应根据不用功能的要求及不同性质的办公空间进行有目的、有意识的设计。

（二）办公空间的一般布局

通常，办公空间的布局，首先应将各种不同功能的空间进行合理划分，形成较好的面积比，同时还应考虑安全疏散等方面的要求。其次，应根据办公室的设计要求划分室内空间，选择并布置办公家具与设施等。此外，在划分出功能空间的同时，还应重视对出入口和通道的设计，以保证能够满足工作人员的正常出入及流动。

合理的空间划分，能够给工作人员创造一个轻松、愉悦的工作环境，从而极大地提高工作效率。一般而言，办公空间内各功能区域的设计如下。

1. 门厅与接待台

门厅作为进入办公空间的第一空间，是公共空间与其他空间的一个分隔，同时，也是对来访者的一种尊重与人性化的体现。这一区域在设计上应体现该办公空间的性质和品位，以给来访者留下深刻的印象。接待台应设置在门厅处，用于引导来访者和保障公司的安全。

如图6-43所示，该办公空间的门厅与接待台整体选用浅色调，给人以明亮感，并有着扩大空间的效果。接待台在材料上将木材与大理石相结合，形成鲜明的对比，具有较强的视觉冲击力，以凸显该办公空间的现代感。

图6-43 现代感的门厅与接待台设计

2. 经理办公室

经理办公室是指主管人员专用、独用的办公空间。通常，宽敞、独用的办公空间与办公人员的级别地位有直接的联系。经理办公室的设计可根据其工作性质、访问者人数与频繁程度来确定面积和装饰风格。一般而言，经理办公室面积应不小于10 m^2，其上限应根据其是否附设专用会议室、会客空间、档案存放处和卫生间等因素而定。

如图6-44所示，该经理办公室集办公、储存、会客等多种功能于一体；空间内色彩深浅搭配适宜；木质家具沉稳大气，凸显出公司浓厚的文化气息。

图6-44　经理办公室

3. 工作区

工作区是办公空间的核心区域，其办公方式通常分为以下几种。

（1）封闭型办公空间

封闭型办公空间是指，办公室工作区域的设置按功能需要整间统一安排，这种安排方式的好处是各部门工作独立，互不干扰，私密性好，但各部门工作人员之间交流性差，不便于联系，不利于团队协作。

（2）半开敞型办公空间

半开敞办公空间是指，办公室工作区域的设置按部门及工作性质的不同进行组团分区，各工位之间、部门内部及部门之间既保证了各自工作的私密性和免干扰性，又便于相互之间的联系。

（3）开敞型办公空间

开敞型办公空间是指，办公室工作区域的设置不受墙壁、隔断等限制，其空间通透、一目了然，可营造出一种比较现代、轻松的工作环境。但是，这种方式私密性较差，工作人员之间的干扰较大，其工作效率也会受到一定的影响。

4. 会议室（见图6-45）

会议室是办公空间的一个重要组成部分，其除了会议使用外，还承担着培训、会客的功能。会议室可根据参会人数多少、会议形式、会议级别等因素设计座位的布置形式和装饰效果。

图6-45　风格简约的会议室

三、办公空间的环境设计

舒适的办公空间环境不仅有利于员工的身心健康，还可以激发员工的创造性与工作积极性，提高员工的工作效率。办公空间环境设计的核心内容主要有办公空间的物理环境设计、办公空间的视觉环境设计和办公空间的绿化环境设计等。

（一）办公空间的物理环境

办公空间的物理环境主要是指室内声、光、热、空气质量等物理因素对环境的影响。现代办公室的室内环境十分重视各项设施、设备的合理选用和配置，以创造符合人们卫生要求和舒适要求的室内物理环境。表6-1列出了办公空间室内物理环境相关标准。

表6-1　办公空间室内物理环境相关标准

内容	卫生标准（适应标准）	舒适标准
温度/℃	17～18（空调）	24～27（夏）20～23（冬）
气流	＜0.5（空调）	＜0.5
相对湿度/%	40～70	50～60
CO_2含量/%	＜0.1	＜0.1
CO含量/（mg/kg）	＜10	＜10
空气量/（m^3/人）	＞10	＞13
换气量/（m^3/人·时）	—	30
照明/lx	75、150、300	100～200、300～500、1 000～3 000
噪声/dB	＜55	＜50
浮游粉尘/（mg/m^3）	＜0.15	＜0.15

此外，从室内设计、装修构造和人体工程学的角度来讲，办公空间内风口位置是否合理、门

窗是否密封、窗帘是否遮阳、界面选材是否隔音与吸声等，都与办公空间内物理环境的整体品质密切相关。

（二）办公空间的视觉环境

办公空间良好的视觉环境设计，需要在充分利用自然光源的基础上合理搭配人工光源，以提高室内整体的视觉环境质量。这里主要介绍办公空间的照明设计。

适合办公桌面的小型植物

现代办公楼一般进深较大，办公空间在相对程度上需要依靠人工照明来创造良好的视觉环境。在进行照明设计时必须清楚，该设计是为在办公空间中工作的人而设计的，如果不能满足办公的要求，再好的照明设计也是枉然。

目前，照明灯具虽然品种丰富，但产生的光线基本上只有三种：直射光、反射光和漫射光。在照明设计时应用这三种光线，组合不同光源，可以产生多种不同的照明方式。为了减少使用计算机时屏幕对眼睛产生的刺激，可在光源亮度方面控制好冷光源与暖光源的搭配，把握好自然光和人造光的相互映衬关系，从而营造出明亮、柔和、舒适的视觉环境。

（三）办公空间的绿化环境

绿色不仅是自然的主宰颜色，更是人们心灵和视觉的抚慰，因此，在对办公空间进行设计时，如果适当地在室内布置一些绿色景观和植物，不仅可以调节员工的疲劳状态，还可以提高员工的工作效率。

此外，在办公空间中，还可以适当地运用山石、水体和植物来创建一个充满自然气息的工作环境，以增加办公室的生机，缓和员工的工作压力，调节员工的身心状态，从而促进企业的良好运行。

第四节

人体工程学在商业空间设计中的应用

商业空间泛指用于商业用途的建筑内部空间，如商场、超市、服装店等内部空间。商业空间以它独特的空间造型、新颖醒目的商品陈列、多彩的照明设计及变幻无穷的展示设计等，来引发顾客的兴趣，诱发顾客的购买欲望，从而对企业的经营活动产生积极的推动作用。

一、消费者的心理与购物环境

了解商业空间设计

（一）消费者购物的心理过程

消费者的购物心理直接驱使购物行为，其购物心理过程可分为以下3个过程。

1. 认识过程

认识过程是对商品的注意、引起兴趣、产生联想、激起欲望的过程。在这一过程中，商品本身和空间环境起诱导作用。例如，舒适、美观的空间装饰、以人为本的服务体系、生动别致的橱窗展示、商品的陈列及宣传效应等，都可使消费者感到身心愉悦，从而产生消费的欲望。

2. 情感过程

情感过程是指消费者在认知的基础上经过一系列比较、分析、思考，直到做出判断的心理过程。在这一过程中，购物环境对消费者的情绪有直接影响，从而直接影响购买欲望。例如，当顾客从室外闷热的环境步入一个装潢典雅、温湿度适宜的商场时，其心理会随环境的改变而变得舒畅、愉悦，从而产生消费冲动。

3. 意志过程

意志过程是指通过认识和情感的心理过程，使消费者有了明确的购买目的，最终实现购买的心理决定过程。

（二）消费者的购物动机

商业心理学将消费者的购物动机分为以下三类。

1. 有目的的购物者

这类顾客在进店之前就已有明确的购物目标，因此，其外在表现是目光集中，脚步明快，直奔特定商品区域。

2. 有选择的购物者

这类顾客是指有购买动机但无明确的购物准备，即半确定型。这类顾客的购买行为是从搜集有关信息开始的，他们对商品有一定的注意范围，但也留意其他商品，虽脚步缓慢，但目光集中。

3. 无目的的购物者

这类顾客没有一定的目标，脚步缓慢，行动无规律，其必须在购物环境的各种因素影响下，才能形成购买动机。销售行为的目的主要是提高这类“潜在顾客”的购买率。

（三）购物心理对购物环境的要求

人们的购物心理和行为多种多样，但可大致将其归纳为：求好、求廉、求新、求实、求美、求便，即“物美价廉，购物方便”。

1. 购物环境的便捷性

便捷性是指消费者可就近购物、方便快捷、省时省力。因此，交通便利和人口密集的区域往往是商场业主选址的首要选择。此外，商业空间内部交通流线设计的合理性也决定了购物环境的便捷性。

2. 购物环境的可选择性

选择性是指消费者在购物时可以进行比较、选择，即人们常说的“货比三家”。因此，购物环境中应具备多家商店、多种品牌、多种商品，以便产生商业聚集效应。例如，商业空间中同类商品集中摆放，便于消费者选择。

3. 购物环境的可识别性

在同一地区，同一条街道，经营同一种商品的商业企业可能会有多家，如何使消费者在众多商业企业中找到自己店面，这就产生了商业企业的可识别性问题。通常，设计独特的标识、门面，富有创意的橱窗和广告等，都会给消费者留下深刻的记忆。

4. 购物环境的舒适性

舒适的购物环境，可提高消费者的停留时间和光顾次数。舒适且优美的购物环境主要体现在视觉的愉悦感、身体触觉的舒适感、优雅的声学效果等方面。

5. 购物环境的安全性

购物环境的安全性必须体现在购物环境的全部细节之中。无论如何设计，确保顾客人身安全，避免对顾客造成人身伤害和心理伤害，都是设计师首先要考虑的问题。

二、商业空间形式与特点

商业空间形式与其所销售的商品密切相关，不同的商业空间满足消费者不同的需求或不同类型的消费者。在日常生活中，常见的商业空间形式有以下几种。

（一）中小型商店

中小型商店是各种商业空间形式中最主要的一种类型，其面积一般不大，为减少投资，这类商店多数和其他性质的建筑合建，或本身就是由其他建筑改建而成的。建筑除了下面一、二层外，上部多为住宅、办公空间，故这类建筑也被称为“商住楼”“综合楼”，其建筑空间造型主要取决于上部建筑的性质。

由于中小型商店经营的商品种类繁多，也就形成了各种性质的商业空间，有经营各种生活日用品的日杂店、百货商店，也有经营单一商品的各种专业商店，如文具店、服装店、金银珠宝店等。这些商店的店堂环境也是千差万别。其室内空间大小与功能布局、商品展示和陈列方法、装修风格等，均无统一的标准，都可由店主根据自己的财力、周围环境、市场情况、经营方式等因素灵活确定。

中小型商店由于商品小、种类多，故其店堂空间一般都以货柜或货架形式展示商品。如图6-46所示，该眼镜店就以货柜的形式展示了商店出售的各种眼镜，从而使消费者在选择时更加便捷。

图6-46　眼镜专卖店

（二）购物中心

购物中心是指由专门化、个性化的高级商店或各类商业空间及配套设施组成的，集百货、超市、专卖店、餐饮、娱乐、休闲、停车场于一体，能满足消费者多元化消费需求的场所。它一般集中在一幢或几幢大型建筑中，如图6-47所示。

图6-47　深圳某购物中心俯瞰图

这类空间在设计时应调动一切手段，以创造丰富多彩、各具特色的室内外环境，使其适应各种层次、年龄及不同性别的顾客的需求。同时，在空间处理上，还应考虑客流量、顾客流动线路、顾客休息及疏散需要等，从而达到平面布局合理，空间层次分明，展示陈列空间独具个性，温度、照明等物理环境适宜的要求。

（三）商业街

商业街是指以入口为中轴对称布局，集购物、餐饮、娱乐、文化活动、街道表演、城市景观于一体，用来满足人们购物、游玩、饮食等多种需求的地方（通常是一条街道），如图6-48所示。

图6-48　商业街

三、店堂空间组织与环境氛围营造

（一）顾客行为与店堂环境引导

顾客在店内的行为是多种多样的，由于顾客的目的不同，其在店内的行为也不同。通过对顾客在店内行为的追踪调查，可将顾客在店内的行为归纳为以下几类：① 只在店堂门口停留而不进入店内；② 从一个入口到另一个入口，穿过店堂；③ 环绕店堂内空间一周；④ 迂回地绕店堂空间一周，不停留；⑤ 顾客在店内局部空间停留较长的时间；⑥ 在店内曲折迂回，并多处停留；⑦ 在店内多次回游。

因此，根据上述顾客行为，如何把顾客引入店内，并使顾客在店内多处停留，发生消费行为，是商家或店主的目的。而设计师就是要根据商家或店主的目的，合理设计店堂空间内的购物诱导系统，将大量顾客引入店内。通常，引导方式主要有听觉引导和视觉引导两种，其中，视觉引导较为普遍。视觉引导的方式主要有：入口后退，与橱窗结合，突出入口空间；利用独特的灯光、奇异的入口造型吸引顾客进入店内等。如图6-49所示，该店面入口没有明显的建筑隔断，而是以不规则的地面流线划分，且吊顶设计与地面线条相呼应，从而将顾客引导进店。

图6-49 店面入口

（二）店堂空间的构成、定位与划分

1. 空间构成

店内空间包括行为空间、知觉空间和围合空间三部分。行为空间是指由店堂内的设备、陈列

窗、商品、人及其活动组成的空间；知觉空间是指视觉、听觉、嗅觉等所要求的舒适空间；围合空间是指由顶棚、地面、墙体等实体所围起来的空间。

2. 空间定位

空间定位是指商品陈列和布置的功能分区所导致的店堂空间分区。例如，价位高、销量较少的商品一般展示在较隐蔽的地方；销量较大的商品一般展示在较明显的地方。此外，还可以在店面门口展示一些物美价廉的商品以吸引顾客进店。

3. 空间划分

店堂空间的合理规划对顾客的消费行为有着很大影响。店堂空间的划分，具体可通过内部营业设施的布置进行划分。常见的划分方法有：① 利用柜台、货架、休息椅或隔断等设施将空间水平划分（见图6-50）；② 采用空间的竖向分割、穿插，即在大空间中插入小空间的手法进行划分；③ 通过构件的局部处理进行空间划分，如局部吊顶、地面局部提升或降低（见图6-51）；④ 利用不同的灯光色彩和照度达到划分空间的效果。

图6-50　利用货架水平划分空间

图6-51　通过地面局部提升划分空间

（三）商品展示及店内通道

商品一般利用橱窗、陈列柜和货架展示。其中，橱窗是零售店商品陈列宣传的重要手段，主要分为临街橱窗（见图6-52）和室内橱窗（见图6-53）两类。

除了橱窗，货柜和货架也是展示商品的重要设施。货柜一般高为90～100 cm，深度为50～60 cm。货架一般高为2.4 m，深度为40～70 cm。

店内通道的宽度应适当，考虑柜台前的顾客购物空间（40 cm），每股人流所需空间为55 cm，若两边都有货柜，则通道宽度为：

$$W=2\times 40+55N$$

式中：

N——人流股数（一般按2～4股计算）。

图6-52 临街橱窗

图6-53 室内橱窗

（四）店堂环境氛围

店堂环境氛围的营造，是根据商店的性质、规模和顾客的行为及心理要求，通过店堂空间形态及其围合界面的设计和装修，橱窗、货架、货柜的布置和店堂人流组织，室内光环境和色彩环境设计来实现的。

在设计店堂环境氛围时，应注意以下几点。

（1）为了突出商品，方便顾客购物，店堂空间形态易简捷，以矩形空间为宜。

卡普里商场照明设计

（2）在设计空间围合界面时，首先要考虑顶棚设计，顶棚设计可利用人的向光性特点，可不做吊顶或局部设置吊顶。其次是地面设计，地面多采用防滑地砖或石材，也可根据店面需要采用木地板或地毯。墙面一般不做重点处理，可结合橱窗和货架统一设计。

（3）陈列柜、货架应结合店内空间大小、通道、消费者购物行为和空间形态来布置。

（4）室内光环境设计要结合店堂空间大小、商品性质，采用适宜的环境照明（结合店堂空间）、局部照明（结合商品）和艺术照明（结合景点）。

（5）对于大多数商店，如大型百货商店、自选商场等店堂，室内色彩宜采用冷色调，而对于某些专业商店，如服装店、饰品店，宜采用暖色调，以营造温馨感。

第五节

人体工程学在展示空间设计中的应用

展示空间是指由空间界面组成的多维空间，是各行业进行信息交流的重要形式，它主要以传递信息、扩大宣传、促进交流、强化营销为目的。

展示空间案例欣赏

无论何种类型的展示空间，都将面对大量参观者、洽谈者，因此，展示空间的安全性、美观性、舒适性直接影响着参展商的宣传效果和经济效益。

在展示活动中，空间实质是构成了一种人与展品的对话关系，如何提供一种合理有效的人与人、人与物的交流方式，确保展商能传递或观众能接受足够的展示信息，这些都要从人体工程学的角度加以解决。就展示空间而言，其设计不仅要充分研究人员的流动、在每个区域的停留时间等基本特性，同时也要细致分析观看者的活动、观看的行为方式、空间各部分的比例尺度等，最终创造一个合乎展示活动需要的人性化空间。

一、观展行为与特征

（一）观展行为表现

观展行为是指人们为了观赏与求知而参加的一项面向社会公众的信息传播交流活动。它的完成主要依赖于三个客观构成条件，即展品、观众和展示空间。在观展行为中，观众行为主要有以下几方面表现。

1. 观看

观看在观展活动中占主导地位，它不仅是观众接收信息的主要方式，也是展示空间中视觉刺激的主观反映。

观众的心理过程为：无意→注目→兴趣→审视→思考→比较→记忆

2. 走动

走动是指观众在观展过程中，为适应连续性观看的需要，所产生的行为空间状态的推移。在展示空间中，走动有两种情况，一是在观展过程中的移动，这是无意识地调整自己的位置，如前后、左右移动，这就需要在展品前留有足够的观众停留空间；二是有目的地寻找要观看的内容而做的位置变化，这就要求空间内同一类展品布置应有连续性。

3. 休息

由于观展是一种长时间的观摩过程，因此，这就要求展品的陈列要有一定的间隔，同一展品的展线不宜过长，以便观众停留或休息。

4. 交流

交流是指在观展期间，观看者之间、观看者与讲解员或服务人员之间的信息沟通。

（二）观展行为特性

在展示空间，人的行为的变化过程、分布的规律及秩序感的表现，都是体现观展行为的特性。

1. 秩序特性

观展行为是依据展示空间秩序和展示序列安排所表现出来的时间的规律性与一定的倾向性。它是一种行为状态对客观环境的刺激作用的一种反应。展示空间秩序对研究行为模式和空间模式有着一定的作用。

2. 流动特性

人在展示空间内，受展品内容和有关导向的影响而按一定方式在流动，其流动的路径、流动方向的选择、流线交叉点位置的确定，均是展示空间设计、展品陈列设计及导向系统设计的依据。

3. 分布特性

在展示空间中，由于展品内容、个人因素、人际影响，使观看者在展厅空间里的流动呈走动、滞留和聚散等各种现象，即人在展厅中的空间密集度是不等的。这种分布特性提示设计师在进行展示空间设计和展品布置时，应根据人的分布行为，调整展示空间大小，或按展品的性质进行功能分区，这不仅可提高空间的使用效率，而且还能满足人们对行为舒适性的要求。

（三）观展行为习性

如何根据人的习性，设计观众流动途径、调整前进方向、设计展品陈列环境是设计师在对展示空间进行设计时的主要职责。在展示空间内，人们的观展行为习性主要有以下几点。

1. 求知性

求知性是参展观众的主要动机之一。因此，展商应尽可能展示一些能引发观众好奇心的展品，从而激发参展观众的求知欲。

2. 渐进性

人对知识的理解与把握是一个循序渐进的过程，这要求展品在展示时按一定的逻辑顺序展出。

3. 捷径效应

捷径效应也称抄近路，是人的本能行为。一旦人们明确目的地位置，就会趋向选择最短路程。因此，在展示空间内，观展路线要尽量减少迂回，最好设置成一线式的展览路线，从而让观众一目了然地捕捉到主要的展品信息。

4. 猎奇性

猎奇性也是人的本能行为。这就要求展品新奇、有特色，能带给观众新奇感，从而有效吸引观众。在展示空间中，展品不仅可以静态展示方式陈列，而且可以适当增加诸如多媒体展示、演艺表演、展品解说等动态展示方式。实践证明，展示空间中的景观小品、装饰艺术、多媒体屏幕都易给观众留下深刻印象。

5. 向左拐

实践证明，当观众进入展厅后，会习惯性向左拐，特别是人多拥挤时更加表现出这一特性。如果展示空间按右转布置，就易造成逆向参观和流程的混乱。因此，展示空间展览路线应按左转设计。

6. 向光性

向光性是人的本能，故在展品陈列时，应有足够的亮度，但要避免眩光。因此，展示空间内的照明设计应根据实际情况有区别地对待。例如，展品展示区的照明应在避免眩光的前提下适当提高展品的亮度，以增加观众的注意力；人流通道处与陈列背景应采用高侧光或顶光。

二、展示流线与展示导向

（一）展示流线设计

展示流线包括展厅各组成部分相互关系的功能流线和展示空间中观众与工作人员的活动流线。

1. 功能流线

由于展示性质、内容、规模、方式等的差异，展示空间的组成也各有侧重。但一般均包含以下几个部分，即展示区、观众服务区、库房区及办公后勤区。通过确定功能流线，可确定上述部分的空间布局，进而确定观众和工作人员的行走路线。

2. 观众流线

控制观众的流向、流量、流速是展示空间设计成功与否的关键。

（1）流向控制

观众对展览顺序的方向选择受两方面因素影响，一是自身的爱好、兴趣，一是展示空间的开放性与封闭性。在进行展示空间设计时，对于逻辑性和顺序性较强的展品，或是整个展览中的主题馆，可采用封闭式展示空间，使观众只能从一个入口进去，另一个出口出来。对于这样的设计，即使观众对部分展品不感兴趣，也只能加快前进，而不能后退，因此，观展方向是不变的。反之，可采用开放式的空间布局，使观众有更多的选择。

（2）流量控制

流量控制是指通过控制展线通道的宽度来调整观众的流量。在展示空间内，对重点展出的展品，展品前的空间应宽松一些；对次要的展品，展品前的空间可相对窄一些。

（3）流速控制

流速控制的方法与流量控制相同，都是通过调整展品前的空间大小，或者增强导向系统的刺激强度，使观众尽快流向下一个目标。

（二）展示导向

在展示空间中，良好的导向系统可帮助观众快速确定各展区的空间位置，从而迅速找到自己感兴趣的内容。

1. 按空间向度来分

展示空间的导向系统按空间向度来分，可分为水平导向系统和垂直导向系统。

（1）水平导向系统

水平导向系统是指在水平方向上由各平面组成元素构成的整体系统。它包括入口引导、总体及分层楼面介绍、服务设施、出入口标识、休息区、电话亭、洗手间、服务台、专卖柜台等。

（2）垂直导向系统

垂直导向系统是指在垂直方向上由竖向构成元素组成的导向系统，主要包括电梯升降显示、楼层显示、自动扶梯等。

2. 按人的主观感觉来分

展示空间的导向系统按人的主观感觉来分，可分为视觉导向系统、听觉导向系统和特殊导向系统。

（1）视觉导向系统

视觉导向系统是指人眼可识别的标识类导向。它主要包括文字导向、图形导向、光色导向、影视导向等。其中，文字导向是最明确、最直接有效的方法，如室外展示招牌、入口处的内容介绍等。

（2）听觉导向系统

听觉导向系统是指利用声音指示空间的方向。

（3）特殊导向系统

特殊导向系统主要是指为盲人或肢体伤残者设置的无障碍导向系统，主要包括出入口坡道、电梯显示、专为盲人设置的方向提示块等。

三、展示空间设计

（一）常用展具及其尺度

展具类型主要有展台、展架、展柜、展板、灯箱等，其基本尺寸如表6-2所示。

表6-2　常用展具基础尺寸参考值

展具类别		长度/mm	宽度或深度/mm	高度/mm	
				总高度	底部至地面高度
展台	高展台	400～1 600	400～1 400	—	400～1 400
	矮展台	400～1 600	700～900	—	100～300
展柜	高展柜	1 800～2 400	450～1 500	1 800～2 200	400～800
	平展柜	1 200～1 500	700～1 500	1 050～1 200	400～800
屏障	屏风	＞2 000	＞100	3 000	800
	展板	600～1 800	—	1 800～2 400	800
	隔板	—	—	—	2 000～3 500
招牌	标题牌	900～2 400	20～40	—	—
	说明牌	400～1 200	—	800～1 400	—
	广告牌	＞1 500	—	—	＞2 000
	小标签	70～200	—	—	50～120
方向标		—	—	1 600～2 200	—
栏杆柱		直径为15～30，柱底座直径为150～300		550～900	—

（二）展厅布局与空间尺度

1. 展厅布局

展厅布局涉及展区方位、展区面积的大小及其与通道面积的比例和布局类型等问题。

（1）展区方位

展区方位是根据整个展示空间的功能流动关系而确定的。具体落实到展馆基地上时，还要考虑基地环境、交通情况及相邻建筑的关系等因素。

在同一展示空间中确定展位时，要根据整个展示空间的展示内容来确定。对于相互独立的展位，应根据其重要程度来确定其展出次序。例如，对于教育型的展示空间，应根据教育的顺序及连贯性来确定其方位。

(2) 展区面积及其与通道面积比

由于展览性质不同，展示内容存在差异，且观众人数不同，因此，通道面积和展览面积的比例也不相同。通常，其比例约为1∶3，具体情况如下：

① 观赏型的美术展：1∶4；② 专业贸易型展览：(1∶1)～(1∶2)；③ 巨幅挂件展区：(1∶4)～(1∶6)；④ 精致小件展区：1∶20。

(3) 布局类型

展示空间布局应根据展示内容及观展路线来确定，以保证展示空间的灵活性。常见的展示空间形式有串联式、放射式、放射串联式、走道式和大厅式。各种布局形式的特点如图6-54所示。

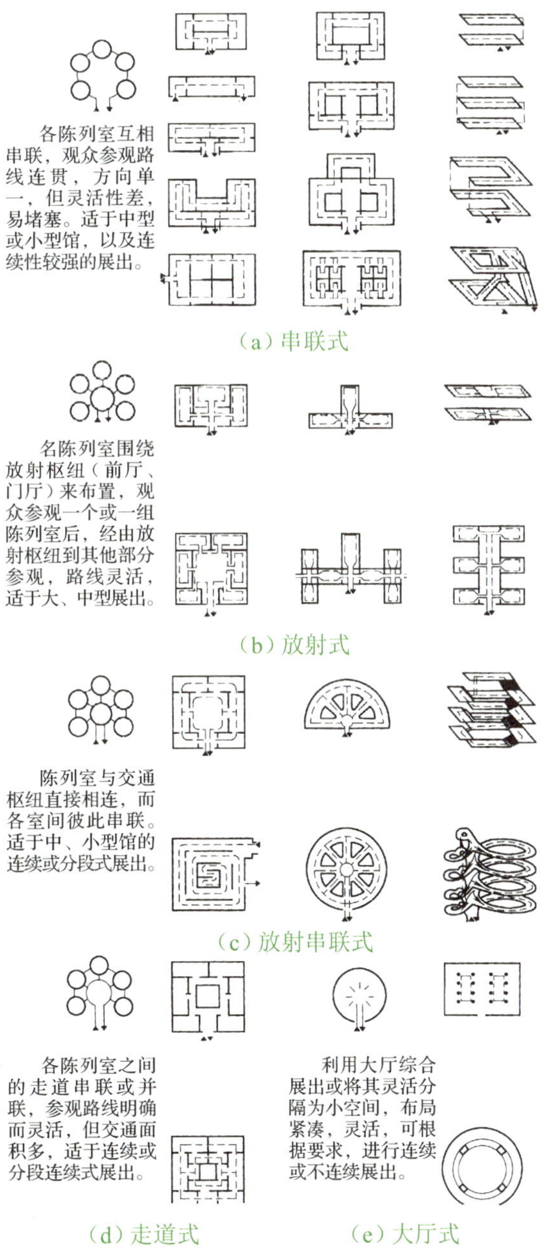

图6-54　展示空间布局类型

此外，为适应不同陈列内容的需要，展示空间应尽量设计为大空间，以便根据陈列内容的性质和规模，确定陈列空间的布置方式。因此，在对展区进行平面构思与布局时应注意以下几点。

（1）要明确展览的功能流线，确定好展区面积、安全通道与防火通道面积、绿化带面积、休闲区面积及停车场面积；要合理安排出入口、进出展品通道、防火安全通道等，以方便工作人员参展布展，并提高安装与拆装的工作效率。

（2）要考虑参展的人流量大小，以对参展路线进行合理规划并合理布置展品，尽量减少人流的交叉、迂回，从而避免人流量较大时出现拥挤和堵塞。

（3）门厅是由室外展区步入室内展区的一个过渡空间。进入展厅后，往往需要根据观众的要求来确定主接待区或者副接待区，或根据参展观众的不同需求划分展示区（如精品展示区、模型展示区、宣传介绍区、仓储区等）。同时，还需要预留出共享空间（如通道、休息区、信息交流区等），以便观众活动和使用。

2. 功能空间尺度

展示空间的大小由展品的大小、数量和每天接待的观众数量决定。

（1）展厅建筑结构尺度

展厅净高尺度应大于或等于4 m，否则会使观众产生压抑感，且展厅的净高会直接影响展品的安装摆放。如果展厅的尺度与展品的尺度不相符，展品将无法运输到展厅内部。大型展览会展厅高度可达8 m、10 m，甚至更高。

此外，在展示空间中，单人楼梯宽度应为90 cm，双人楼梯宽度应为160 cm，三人楼梯宽度应为220 cm。

（2）人性化设计

在展示空间内，应充分考虑弱势群体的观展需求，进行无障碍设计。例如，坡道的坡度不应大于4.5°，坡道每9 m长时应设置休息平台，坡道宽度应大于250 cm等。

（三）展品陈列

为了确保观众参观方便并取得最佳的展示效果，设计师在进行设计时需要确定最佳的陈列密度、陈列高度和通道宽度。

1. 陈列密度

展厅和展品尺度的大小比例会直接影响观众的心理感受与视觉感受，进而影响展出效果。例如，小展馆内大密度地摆放展品会给人造成拥挤的感觉。在展示空间中，展区面积占展场面积的比例以40%～50%最佳，最大不要超过60%，特别是当展品或展具体型庞大时，陈列密度就应更小一些，以避免给观众心理造成压迫感和紧张感。

2. 陈列高度

根据观众的身高尺度，展板和隔断墙的高度以220～240 cm为最佳。一般而言，展品垂直式陈列最容易被观众视觉所感知。如图6-55所示，展柜高度60 cm以下一般作为储藏空间；60～70 cm是稍微弯腰或者稍微低头就可以观看到展品的位置；展品距地面85～125 cm范围内为展品展示的黄金空间；60～85 cm与125～140 cm被称为有效空间；140～180 cm被称作准有效空间；180 cm以上在远处较易识别，也可称为陈列空间。

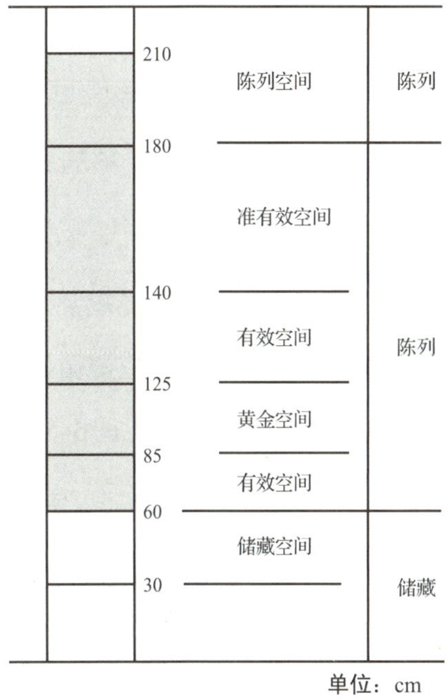

图6-55　陈列高度的划分

（四）展示空间环境

展示空间环境主要涉及展厅内的光、色环境，温、热环境，安全防护及休闲等方面。

1. 光环境

展示空间室内效果与光影的关系密不可分，其空间布局、色彩效果、材质肌理、氛围营造都必须依赖于光。

展示空间中的光环境设计主要包括自然采光和人工照明。由于自然采光会随时间的变化而变化，难以维持恒定的光照质量标准，且光线的移动变化会影响展品的视觉效果。因此，对于展示照明来讲，一般较少完全以自然光源创造光环境，而是以人工照明作为主要光环境。

一般而言，展示空间较多采用高侧光和顶光，其照明环境须满足以下几点要求。

① 展品表面照度一般在200～2 000 lx。常见展品照度最低值如表6-3所示。

表6-3　常见展品所需照度最低值

展品种类	天然采光照度系数e/%	人工照明照度标准/lx	
		荧光灯	白炽灯
中国古画	2～3	150～250	100～150
油画、青铜器、精密仪器	1.5～2.5	150～225	85～125
中国画、版画、手稿、印刷品、照片、雕塑、工艺品、纺织品、小型动物标本	1.5～2	150～200	85～125
一般动植物标本、机器零部件、农产品	1～1.5	100～150	75～85
大型机器、交电设备、冶金产品、大型农产品	1	100～150	60～75

② 保证展品照度与展厅一般照度之比不小于3∶1，且应防止光影相互干扰，影响视线。

③ 采用玻璃布置展品时，应保证柜内照度高于一般照度20%，以防止产生镜像。

④ 进行灯具布置时要注意其显色性、投光形式及产生的视觉效果等。通常，在设计时应考虑有足够的导轨灯来补充照度不够的展品或调节展厅气氛。

2. 色彩环境

为了烘托展品，减少视觉疲劳，展厅空间界面的色彩多采用中性色，少数采用冷色系。在对展示空间进行色彩设计时，应遵循如下原则：① 有主色彩基调；② 有助于展示主题内容的表达，可表现出某种情调和气氛（见图6-56）；③ 有助于突出展品；④ 色彩不过于刺激，有益于观众参观；⑤ 符合观众的欣赏习惯；⑥ 有意识、有针对性地使用色彩。

图6-56　字画展厅色彩环境

3. 温、湿环境

展示空间内不仅要考虑观众对热环境的要求，还应考虑永久陈列的展厅，如博物馆的展厅，特别是贵重物品、书画等对温、湿环境的要求。通常，为防止温度和湿度的变化影响展品，都需要对展示空间温、湿环境进行控制。

（1）展厅的温度标准

通常，博物馆和画廊的室温要求以18～22℃为宜，昼夜温差不宜超过1℃。一般展示空间的温度也应控制在16～22℃。室内温度过冷过热，都会影响参观者的心情，进而影响参观效果。

（2）展厅的湿度标准

通常，博物馆与画廊的室内相对湿度一般为40%，且不应超过60%。若室内湿度过小，将会由于室内过于干燥而导致纸质照片崩裂、油画油彩碎脱。若室内湿度过大，则会导致纸、木和竹质展品发霉、腐烂。

(3) 展厅对空气质量的要求

室内空气质量对人的身体和心理有较大的影响。污浊的空气对人的眼睛、皮肤和呼吸道都会产生强烈的刺激，可导致支气管炎、过敏性哮喘、肺炎和肺水肿；有毒气体则会直接损伤人体呼吸系统和神经系统。因此，展厅内的空气应是清新的、无污染的、流通的，还应有大量氧气，能迅速将观众呼出的二氧化碳和其他有害气体排出室外。

此外，在人流聚集的展示空间环境中，空气必须是流动的，其流速应控制在0.7 m/s左右。当室内温度每增加0.3℃时，室内空气流速就需要增加0.1 m/s。否则，温度升高，湿度也随之加大，观众就会感到闷热难耐，丧失继续参观的兴致。

第六节

人体工程学在餐饮空间设计中的应用

一、餐饮行为与餐饮环境

（一）温饱型消费与环境

温饱型消费是指以吃饱为主，不讲究餐厅环境的消费方式。一般情况下，只要保证就餐环境干净整洁即可。

（二）舒适型消费与环境

舒适型消费是指将饮食作为一种享受的消费方式。在这种情况下，人们除了要求食物、饭菜可口之外，还对就餐环境提出了更高的要求。

案例赏析

意式情怀：乌克兰基辅餐厅Spezzo

如图6-57所示，Spezzo餐厅内部设计总体上讲是一种舒适和豪华的结合体。房间大而宽敞，既能够容纳大型公司开展正常的企业活动，又可以在里面举办派对。该餐厅采用了柔软的座椅，大量的木材与绿色植物，再加上独特的设计，从而营造出一种自然、舒适的氛围。

图6-57　Spezzo餐厅

二、餐饮动机与餐饮环境

餐饮动机是人们餐饮行为的最终目的。餐饮动机不同，为其服务的餐饮环境也应有所区别。

（一）温饱餐饮空间

温饱型的消费主要是满足生理需求，适合这类消费目的的最佳环境是大众餐饮店或快餐厅。

1. 大众餐饮店

大众餐饮店的规模通常不大，一般以四人座的餐桌为主。室内装修应简洁、整齐、大方，其光色环境以明亮为主。

2. 快餐厅

快餐厅的种类较多，多以经营者或其特色食品为名，如“麦当劳”“肯德基”“康师傅牛肉面”等。这类餐厅规模大小不等，其特点顾名思义是“快”。因此，在室内空间处理和环境设计上应简捷明快，且应便于清洁。此外，在繁华的地点，还可设置外卖窗口，以适应不同的顾客。

（二）休闲餐饮空间

休闲餐饮空间一般有酒吧、咖啡厅等。这类餐饮空间以休闲为主要目的，其特点是轻松、随意。

1. 酒吧

随着社会的发展，酒吧慢慢成为城市最直接的休闲标志之一。

通常，酒吧功能空间大致可分为酒吧间、酒水柜、座席区、收款台、工作人员室、厨房等。

在设计酒吧布局时应注意吧台位置的选择。通常，客人进入酒吧后希望能立即看到吧台的位置。有鉴于此，吧台应设置在最显眼的位置上。此外，吧台所处位置还应当便于为坐在不同位置的客人提供便捷服务。

酒吧空间光环境与色环境宜采用低照度的暖色系，从而形成一种热烈暗淡的欢乐氛围，如图6-58所示。

图6-58 酒吧空间光、色环境

2. 咖啡厅

咖啡厅与酒吧类似，也是一种公众性的娱乐场所。与酒吧不同的是，咖啡厅应尽可能创造一些独立的空间，以方便客人进行交谈。咖啡厅的光环境与色环境应明快一些，大多以浅色系、暖色系为主，以烘托出柔和、舒适的气氛。

案例欣赏：
iTAFE_咖啡馆

（三）风味餐饮空间

所谓“风味”是指有特色，即各类菜系，如湘菜、粤菜、川菜等，还有从国外传入的日料、韩料、东南亚菜等。这些菜系不仅在饮食口味上有其特色，而与其有关的饮食环境也应反映这种特色。

这类餐饮空间及环境氛围有着以下特点：客人用餐时间较长；占地大、通风好；环境优雅且具有私密性；光色环境与其饮食文化相统一等。

精彩案例

当街头艺术遇上法国佳肴：Bibo餐厅

Bibo餐厅将精致的法国美食、少许的装饰艺术，以及波西米亚风格融为一体，是一间充满艺术气息的法国餐厅。与大多数法国餐厅不同，设计师对于这家餐厅的设计，打破常规地将街头元素融入其中，使得顾客身处餐厅时犹如置身一间当代艺术馆。

该餐厅空间分为大堂、吧台、卡座和书吧四个区域，但无论在哪个区域，都能看见抢眼的涂鸦，与欧式风格的家具形成了鲜明对比，如图6-59所示，大堂中有巨型的木偶和几辆同样布满涂鸦的小型摩托装饰，还有像地铁通风管道的黄铜管和像火车信号灯的复杂的灯光装饰，创意无限，个性十足。餐厅吧台则是由大理石层不均匀地堆积而成，富有浓郁的街头艺术气息，如图6-60所示。而卡座作为每一个单独的就餐环境，也都由当代艺术作品包围着。如图6-61所示。相比之下，书吧虽然也有涂鸦，但却显得稍稍优雅安静些。乳白色的书橱，简易的座椅，还有波西米亚式的流苏地毯，为客人提供了一个舒适、休闲的阅览环境，如图6-62所示。

图6-59　大堂区域

图6-60　吧台区域

图6-61　卡座区域

图6-62　书吧区域

（四）社交餐饮空间

宴请是社交活动最常见的一种形式，小到几人相聚，大到几十人、上百人聚餐。在日常生活中，宴请的动机虽各异，但其共同点都是以餐饮的形式，实现情感交流或有关礼遇，都具有一定的私密性。因此，为了适应不同规模的宴请要求，社交类餐饮空间应具有较大的灵活性，经常采用的是以灵活的隔断、隔板来划分空间。其环境氛围的烘托应注意整体效果，应以热烈、明快的环境气氛为主。在平面布局设计时，应留有一定的休息位置或小型接待处。同时，室内空间交通流线不应交叉，以保证客人与服务人员进出自如。

三、餐饮空间环境设计

餐饮空间应依据顾客的餐饮行为来布置座席、组织空间；按照视觉舒适性的要求进行室内空间形态设计、空间界面装修及景观设计；根据餐饮时人际距离和私密性要求进行隔断设计；按照餐饮空间的风格营造餐厅光色环境氛围；按照嗅觉要求进行通风及空调设计。

案例欣赏：
云雁回新中式餐饮空间

（一）空间界面质地设计

1. 墙面设计

餐饮空间墙面的质地不宜太光洁，否则会缺少亲切感。尤其是在远离人体接触的部位，其材质宜粗犷一些，且应使用吸声材料。在接近人体的部分其材质应光滑一些，或设置护墙板与护墙栏杆。

此外，餐饮空间墙面可根据室内环境氛围，使用一些符合空间氛围的挂件、字画等装饰物品来丰富墙面，使之更具有特色。

图6-63所示为印度海得拉巴市海上主题餐厅，其墙面被做成凹陷状，均由防水的中密度纤维板覆盖，完全模仿了海浪的形态，很好地呼应了餐厅主题。

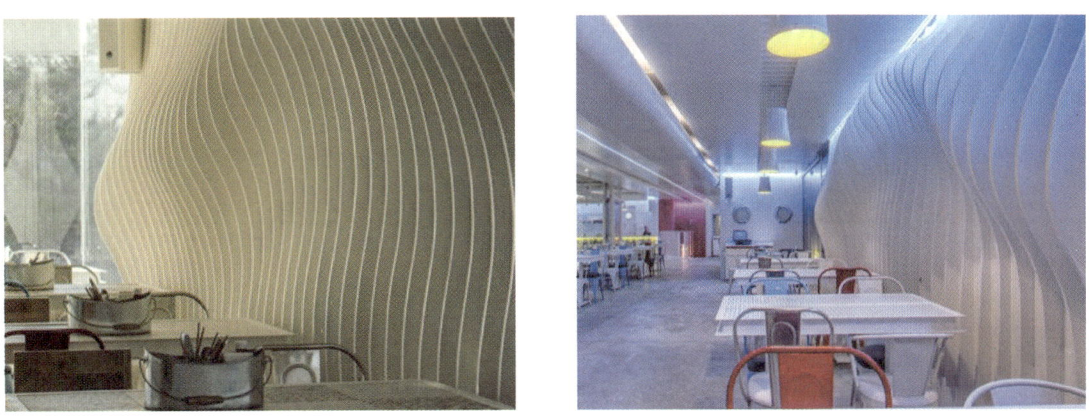

图6-63　海上主题餐厅墙面设计

2. 地面设计

通常，大众化的餐厅、快餐厅及宴会厅的地面宜选用防滑耐磨的地面材料，咖啡厅、酒吧等特色餐饮空间宜选用柔软的材料，如木地板、地毯等，以增强舒适感。同时，地面材料的色彩应与整体环境相协调。

3. 顶棚设计

顶棚是餐饮空间室内设计的重点，它起着限定空间、渲染室内环境气氛的重要作用。其形态应结合室内空间大小、灯具和风口布置，以及座席排列等进行设计。通常，在进行顶棚设计时，设计师利用人的向光性特点，结合灯具的布置只做局部吊顶（见图6-64)，其形式、材料丰富多样。

图6-64 餐饮空间局部吊顶

（二）家具选择与布置

在餐饮空间中，家具主要是餐桌、椅子、收银台、酒柜、碗碟柜等，其选择与设计应根据餐厅环境氛围进行，尤其是风味餐厅、西餐厅，其家具造型一定要符合特定的文化气质。同时，桌面使用的台布的色彩也应与餐厅环境色调协调。收银台、酒柜、碗碟柜应结合室内空间尺寸和所摆放的位置进行设计，并配以灯光，以达到干净、整洁的效果。

此外，座席的布置是指餐桌与椅子的布局方式，其原则是错落有致，避免相互间干扰，同时可结合柱子、隔断、吊顶和地面等空间限定因素进行布置。

如图6-65所示，设计师用极其简单的线条勾勒出最具灵性的空间划分，最大限度地满足了顾客就餐需求。座席安排以不等分的矩形玻璃和钢制框架进行分割，水纹玻璃和适当留空的设计不但保持了开放空间的视觉感受，还保证了用餐隐私性。

图6-65　座席的布置

（三）色彩环境设计

通常，大众化的餐饮空间宜采用明快的冷色调，即长波色相、高明度、低彩度的色彩，如白色、浅灰色、浅蓝色等。

咖啡厅、西餐厅、酒吧等特色餐厅宜采用典雅的暖色调，即中波色相、中明度、高彩度的色彩，如明黄色、金色、银色、橘色等。

案例赏析

色彩纷呈：Pim Pam FOC餐厅

新开的FOC餐厅将经营理念定位在为食客提供价格实惠的餐点和趣味横生的用餐体验上，因此，Lagranja Design工作室在对该餐厅进行设计时，便为FOC餐厅打造出了生动多彩的室内环境。

该餐厅位于新加坡最繁华的区域之一——果园街，Pim Pam FOC的特点是现代化的氛围和世界主义的魅力，在为客人提供地中海地区美食的同时也展示出了独特的文化背景。设计师通过运用经典但被赋予新含义的加泰罗尼亚元素来装饰这个空间，展示了其文化特色。

餐厅的吧台是由一些手工制作的木制衣架组成的，而地面上不同颜色的马赛克砖块也为空间增添了更多的温暖氛围。此外，设计师也毫不吝啬在各种家具和装饰上展现各种色彩的大胆应用。

在空间的分配上，Pim Pam FOC餐厅不仅有色彩纷呈的公共用餐空间（见图6-66），而且还有贴心规划的一些光线稍微暗淡的区域，以提供给希望能安安静静、不受打扰，悠然享受用餐时光的食客们（见图6-67）。

图6-66　公共用餐空间

图6-67　私密用餐空间

（四）光环境设计

大众化的餐厅、快餐厅光线宜明亮简洁，条件许可时应尽可能采用自然光线。夜间照明可采用日光灯与白炽灯相结合，以产生明快的视觉效果。同时，可在柜台和景点等处设置射灯、筒灯，以调节室内环境气氛，如图6-68所示。

咖啡厅、酒吧、特色餐厅的光线宜采用暖色调与暗色调，多采用暖色的白炽灯或壁灯，以便控制光线。同时，还可在餐桌上辅以烛光（见图6-69），以渲染环境气氛。宴请类餐饮空间光线宜温暖明亮，可采用天然采光与人工照明结合的布置方法，其人工照明多采用暖色调白炽吊灯、吸顶灯及装有漫射玻璃的日光灯。

图6-68　明亮的光环境

图6-69　以烛光渲染气氛

（五）绿化布置

绿化的布置不仅为空间增添美感与活力，而且还有净化空气的作用。因此，合理的绿化布置尤为重要。在餐饮空间中，可采用真假结合的绿化布置方式，即靠近人体处的绿化采用真的，远离人体处的绿化采用仿真的（通常，在离视点13 m处的绿化不易辨别真假），这样的布置方式既经济又便于管理。通常，绿化应以耐阴的绿色植物或淡雅的花粉植物为主。

精彩案例

绿野仙踪：荷兰阿姆斯特丹Botanique酒吧

如图6-70所示，该酒吧清新自然的绿色设计，如同一片热带雨林凝聚了新鲜的空气，生长着繁茂的绿植，为人们打造消磨一天时光的好去处。

双层高的大玻璃窗装扮了这间街角酒吧的整个立面，丰沛的阳光洒入户内，在室内和外部环境之间建立起直接的联系。窗户是室内设计的一个焦点，多面反光镜悬挂在天花板上，反射着光线和景色。

植物在室内有着极强的存在感，内部空间因棕榈树、喜林芋、蕨类植物和苔藓的加入而变化万千。在灯光的映衬下，植物在天花板和墙壁展现出戏剧般的效果。随着夕阳西下，阴影变得更为真实，酒吧的夜生活开始了……

图6-70　以绿色色调为主的餐饮空间

（六）细部设计

餐饮空间细部设计是指室内的隔断布置，窗帘、台布、插画、餐具、纸巾等的选择等。在进行此项设计时，应注意其与整体环境是否和谐。同时，在和谐的基础上，应尽可能设计好出彩的细节，从而以局部亮点吸引顾客。

（七）通风、空调设计

餐饮空间应安装通风系统，以保证室内空气新鲜、清新。同时，也不能忽略自然通风的重要性。

（八）消防安全设计

餐饮空间属于公共空间，因此，应注意疏散口的布置，且应有利于消防，并应安装应急照明和疏散指向。同时，室内装修材料的选择应符合消防要求，喷淋和烟感器的布置要结合顶棚灯光设计进行。

思考题

1. 简述调节空间尺度的方法。
2. 简述卧室色彩环境与光环境的设计要点。
3. 简述消费者购物的心理过程。
4. 简述人们观展行为的特征。
5. 简述展示空间对温、湿环境的要求。

自信中国

传承革命精神——高圳车革命传统教育基地向革命烈士致敬

高圳车村位于广东省茂名市电白区。20世纪40年代，村内建立的红色地下据点是当时粤西地区最重要的中共革命据点之一，革命烈士曾在此留下壮烈的英雄事迹。后据点旧址与新建展览馆共同组成高圳车革命传统教育基地，以满足纪念革命传统和英雄事迹、宣传爱国主义的需要，如图6-71所示。

新建展览馆的设计遵循一步一景的园林美学。展馆正门外墙以红花岗岩饰面，内部庭院具有镜面水景，展馆建筑的屋顶由黑色页岩构筑，呈“山”字造型。简洁有力的几何形象体现着革命历史建筑庄严感，镜面水景与白墙黑顶的结合具有净化心灵、追溯历史的功能，为观众与革命传统教育基地的对话提供了合理的环境。

展厅分“据点概况”“据点前夜”“抗日烽火”“解放风雷”“英雄荟萃”五部分，既激发了观众求知欲，又循序渐进地为他们展示展品，讲述革命先辈们在高圳车革命活动据点这块光荣的土地上浴血奋战的历史故事。

教育基地的主体建筑兼顾展览与教育场所等多重功能。室内整合为三大灵活的功能可置换空间，由大台阶作为连接媒介，流动贯通，各自独立又相互共享，符合观众在展示空间的流动特性。在无展览时，可灵活转换为教学、村民会议、影视娱乐、图书阅览等用途，提高了建筑物的使用率。此外，建筑竖型窗可保证室内获得合理的采光与通风，同时营造出庄严的室内光影。

高圳车革命传统教育基地的室内设计在符合人体工程学的基础之上，又营造出向革命烈士学习与致敬的庄严氛围，有助于人民大众继承发扬革命烈士的精神品质。

图6-71　高圳车革命传统教育基地外观及室内设计

第七章

人体工程学与无障碍设计

学习目标

1. 了解无障碍设计的概念、目标。
2. 掌握公共空间中的无障碍设计。
3. 掌握住宅空间中的无障碍设计。

思政目标

1. 培养“德技兼修，知行合一”的设计师观念，树立正确的价值观与世界观。
2. 培养关怀社会弱势群体的意识，营造充满爱与关怀的社会环境。

学习要点

1. 掌握道路、出入口、通道、门、楼梯、电梯、扶手的无障碍设计。
2. 了解住宅空间无障碍设计的原则。
3. 掌握住宅空间无障碍设计的要点。

第一节 无障碍设计概述

认识《无障碍设计规范》

一、无障碍设计的概念和目标

（一）无障碍设计的概念

无障碍设计这个概念名称始见于1974年，是联合国提出的设计新主张。无障碍设计强调在科学技术高度发达的现代社会，一切有关人类衣食住行的空间环境及各类建筑设施、设备的规划设计，都必须充分考虑具有不同程度生理伤残缺陷者（残疾人）和正常活动能力衰退者（老年人）的使用需求，配备能够满足这些需求的服务功能与装置，从而营造一个充满爱与关怀，切实保障人类安全、方便、舒适的现代生活环境。

（二）无障碍设计的目标

无障碍设计的理想目标是“无障碍、无危险”。其基本思想是基于对人类行为、意识与动作反应的细致研究，致力于优化一切为人所用的物与环境的设计，在使用操作界面上清除那些让使用者感到困惑、困难的“障碍”，从而为使用者提供最大可能的方便。

无障碍设计在满足残疾人、老年人及一些特殊人群的特殊需要的同时，还应方便其他人的使用。它致力于开发人类可“共用”的产品，即能够满足所有使用者需求的产品。例如，人民币的设计就巧妙地运用了“共用”设计，其利用人的感觉补偿原则在人民币的表面增加了盲文的设计，这不仅满足了视障人士的识别要求，又不影响其他使用者的触感，极为人性化。

二、我国无障碍设计的发展

我国无障碍设施的建设是从无障碍设计规范的提出与制定开始的。1985年3月，在“残疾人与社会环境研讨会”上，中国残疾人福利基金会、北京市残疾人协会、北京市建筑设计院联合发出了“为残疾人创造便利的生活环境”的倡议。北京市政府决定将西单至西四等四条街道作为无障碍改造试点。1985年4月，在全国人大六届三次会议和全国政协六届三次会议上，部分人大代表、政协委员提出在建筑设计规范和市政设计规范中考虑残疾人需要的特殊设置的建议和提案。1986年7月，建设部、民政部、中国残疾人福利基金会共同编制了我国第一部《方便残疾人使用的城市道路和建筑物设计规范（试行）》，于1989年4月1日颁布实施。

随着经济发展和社会进步，我国的无障碍设施建设取得了一定的成绩。在城市道路中，为方便盲人行走修建了盲道，为方便乘轮椅者通行修建了缘石（设在路面边缘的界石，俗称路牙子）坡道。在建筑物方面，大型公共建筑中修建了许多方便乘轮椅者和老年人从室外进入到室内的坡道，以及方便使用的无障碍设施（楼梯、电梯、电话、洗手间、扶手、轮椅位、客房等）。当前，我国无障碍设施的层次和发达国家相比还有不少差距。要想实现全方位的无障碍设施建设目标，还应更全面地考虑残疾人、老年人等的需求，将无障碍设施不断细化，从而不断提高无障碍设施建设水平。

第二节

人体工程学与公共空间无障碍设计

目前，国际通用的无障碍设计标准大致有六个方面的内容：① 在一切公共建筑的入口处设置取代台阶的坡道，其坡度应不大于1∶12；② 在盲人经常出入处设置盲道，在十字路口设置便于盲人辨别的音响设施；③ 门的净空廊宽度要在800 mm以上，采用旋转门的空间需要另设残疾人入口；④ 所有建筑物走廊的净空宽度应在1 300 mm以上；⑤ 公厕应设有带扶手的座式便器，其门隔断应设计为外开式或推拉式，以方便轮椅进入；⑥ 电梯的入口净宽应在800 mm以上。下面就针对公共空间的无障碍设计做具体介绍。

一、道路的无障碍设计

（一）缘石坡道的设计

缘石坡道是指位于人行道口或人行横道两端，为了避免人行道路缘石带来的通行障碍，方便行人进入人行道的一种坡道。其具体设计要求有以下几点。

① 人行道的各种路口必须设置缘石坡道，以方便残障人士的通行。

② 缘石坡道应设置在人行道范围内，并应与人行横道相对应。

③ 根据道路设计情况，缘石坡道可分为单面缘石坡道（见图7-1）和三面缘石坡道（见图7-2）。

④ 缘石坡道表面应平整但不应光滑，以方便轮椅上下坡。

⑤ 缘石坡道下口不得高于车行道地面20 mm。

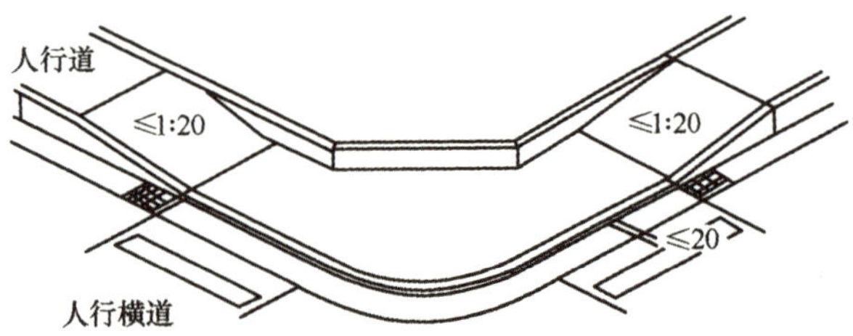

图7-1　交叉路口单面坡缘石坡道（单位：mm）

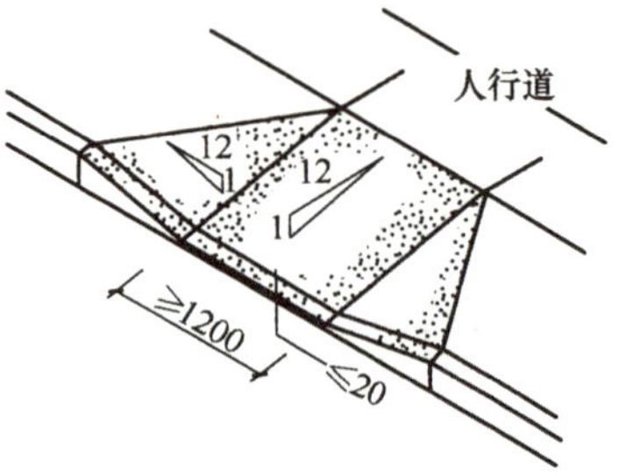

图7-2　三面坡缘石坡道（单位：mm）

（二）盲道的设计

盲道是指在人行道上或其他场所由一种固定形态的地面砖铺设的，使视觉障碍者产生盲杖触觉及脚感，引导视觉障碍者向前行走和辨别方向以到达目的地的通道。

盲道按其使用功能可分为行进盲道和提示盲道。城市中心区域道路、广场、步行街、商业街、桥梁及主要建筑物地段的人行道都应设置盲道。人行天桥、人行地道、人行横道及主要公交车站应设置提示盲道。

行进盲道和提示盲道的通用设计要求有以下几点。

① 盲道的纹路应凸出路面4 mm高，其材质表面应防滑。

② 盲道应避开井盖、树木、电线杆、非机动车停放区等连续铺设，同时，其他设施均不得占用盲道。

③ 盲道的颜色宜采用中黄色。

1. 行进盲道

行进盲道是指指引残疾者向前行走的盲道，一般由条形引导砖（见图7-3）铺设。在设置行进盲道时，应符合下列规定。

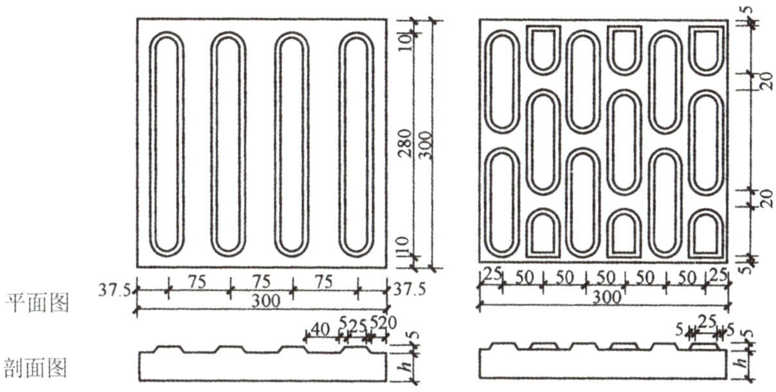

图7-3　条形引导砖（单位：mm）

① 行进盲道应与人行道的走向一致。

② 行进盲道的宽度在250～500 mm为宜。

③ 行进盲道宜在距围墙、花台、绿化带、树池250～500 mm处设置。

④ 行进盲道与路缘石上沿在同一水平面时，其距路缘石距离不应小于500 mm。行进盲道比路缘石上沿低时，其距路缘石距离不应小于250 mm。

⑤ 行进盲道的触感条规格如表7-1所示。

表7-1　行进盲道的触感条规格

单位：mm

部位	尺寸要求
面宽	25
底宽	35
高度	4
中心距	62～75

2. 提示盲道

提示盲道是指以带有圆点的提示砖（见图7-4）提示盲人前面有障碍。在设置提示盲道时，应符合下列规定。

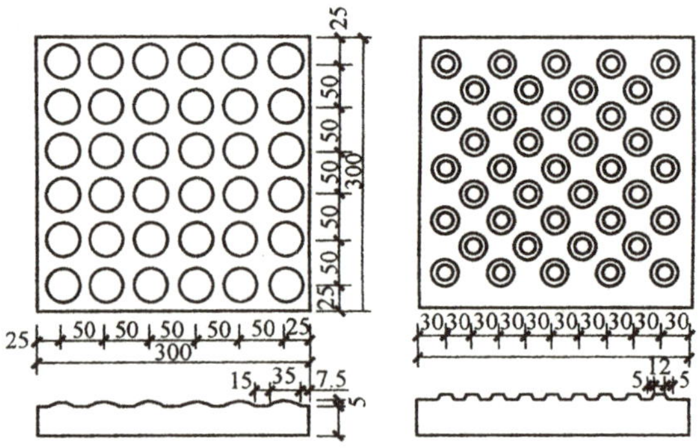

图7-4　提示砖（单位：mm）

① 行进盲道在起点、终点、转弯处及其他有需要处应设置提示盲道。当盲道的宽度不大于300 mm时，提示盲道的宽度应大于行进盲道的宽度。

② 提示盲道的触感圆点规格如表7-2所示。

表7-2　提示盲道的触感圆点规格

单位：mm

部位	尺寸要求
表面直径	25
底面直径	35
圆点高度	4
圆点中心距	50

（三）坡道与梯道的设计

城市主要道路、建筑物和居住区的人行天桥、人行地道，均应设置轮椅坡道和安全梯道，且坡道和梯道两侧应设置扶手。

1．人行天桥、人行地道坡道的无障碍设计

人行天桥、人行地道坡道的无障碍设计应符合下列规定。

① 坡道的坡度不应大于1∶12。

② 坡道高度每升高1 500 mm时，应设置深度不小于2 000 mm的中间平台。

③ 坡道的坡面应平整但不应光滑。

2．人行天桥、人行地道及梯道的无障碍设计

人行天桥、人行地道及梯道的无障碍设计应符合下列规定。

① 梯道的宽度不应小于150 mm，中间平台深度不应小于2 000 mm。

② 在梯道中间部位或两侧部位应设置自行车坡道。

③ 楼梯踏步的高度不应大于150 mm，宽度不应小于300 mm。

④ 楼梯踏面应平整但不光滑，其前缘部位不应有突出的部分。

此外，距坡道和梯道250～500 mm处应设置提示盲道。提示盲道的长度应与坡道、梯道的宽度相对应，其宽度应为300～600 mm，如图7-5所示。

（四）标志的设置

在城市中心区域、广场、人行天桥、人行地道等无障碍设施的位置，应设置无障碍标志（见图7-6）。

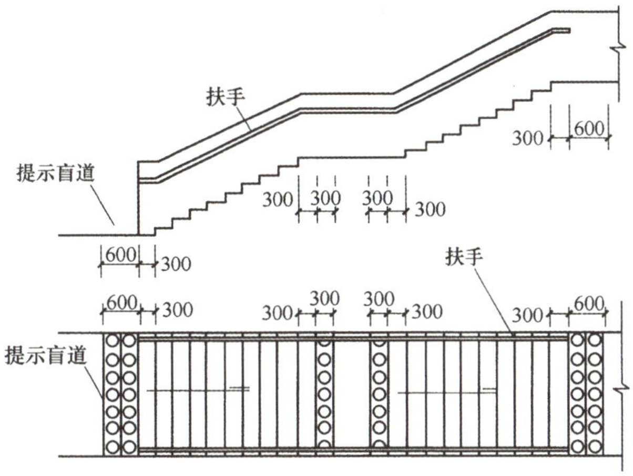

图7-5　楼梯上的提示盲道（单位：mm）

图7-6　无障碍标志

二、建筑出入口的无障碍设计

无障碍出入口是指在坡度、宽度、高度上，以及地面材质、扶手形式等方面方便行动障碍者通行的出入口。其主要包括平坡出入口及同时设置台阶和轮椅坡道的出入口。

（一）出入口的无障碍设计

出入口的无障碍设计应符合下列规定。

① 出入口的地面应平整、防滑。

② 室外地面滤水箅子的孔洞宽度不应大于15 mm。

③ 除平坡出入口外，在门完全开启的状态下，建筑物无障碍出入口的平台的净深度不应小于1 500 mm。

④ 建筑物无障碍出入口的门厅、过厅若设置两道门时，其门扇同时开启时两道门的间距不应小于1 500 mm。

⑤ 建筑物无障碍出入口的上方应设置雨棚。

（二）出入口轮椅坡道及平坡出入口坡度的无障碍设计

出入口轮椅坡道及平坡出入口坡度的无障碍设计应符合下列规定。

① 平坡出入口的地面坡度不应大于1∶20；若场地条件较好时，其不宜大于1∶30。

② 同时设置台阶和轮椅坡道的出入口，轮椅坡道的设计应符合以下要求：轮椅坡道的坡面应平整、防滑、无反光；轮椅坡道临空侧应设置安全阻挡措施；轮椅坡道宜设计成直线形、直角形或折返形；轮椅坡道的净宽不应小于1 000 mm；轮椅坡道起点、终点和中间休息平台的水平长度不应小于1 500 mm。

三、通道、门的无障碍设计

无障碍通道是指在坡度、宽度、高度、地面材质、扶手形式等方面方便行动障碍者通行的通道。

（一）通道的无障碍设计

在公共空间中，通道的无障碍设计应符合下列规定。

① 无障碍通道应连续，其地面应平整、防滑、无反光，且不宜设置厚地毯，如图7-7所示。

图7-7　无障碍通道

② 室外地面滤水箅子的孔洞宽度不应大于15 mm。

③ 固定在无障碍通道的墙、立柱上的物体或标牌距地面高度不应小于2 000 mm；若小于2 000 mm时，突出部分的宽度不应大于100 mm。

④ 室内通道宽度不宜小于1 200 mm，人流量较大或集中的建筑室内通道宽度不宜小于1 800 mm，检票口、结账口通道宽度不应小于900 mm，如图7-8所示。

⑤ 室外通道宽度不宜小于1 500 mm。

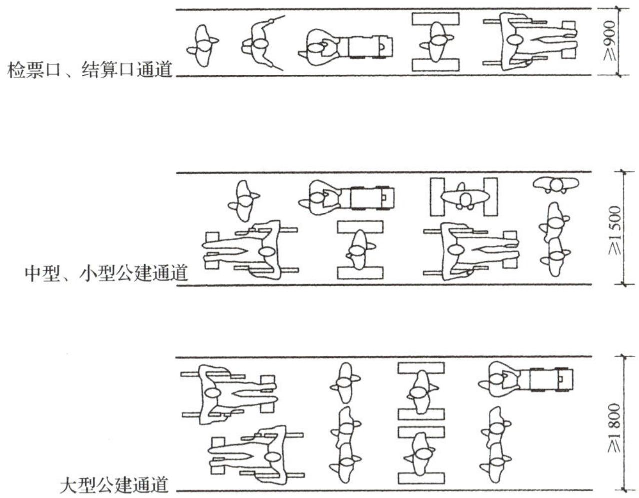

图7-8　典型通道的最小宽度（单位：mm）

（二）门的无障碍设计

在公共空间中，门的形式主要有推拉门、平开门和旋转门。通常，门的无障碍设计应符合下列规定。

① 自动门开启后的通行净宽不应小于1 000 mm。

② 平开门、推拉门、折叠门开启后的通行净宽不应小于800 mm。

③ 若采用玻璃门，门上应有明显的提示或信号。

④ 若采用旋转门，须设置一个辅助开启的平开门。

⑤ 门槛高度及门内外地面高差不应大于15 mm。

四、楼梯与电梯的无障碍设计

（一）楼梯、台阶的无障碍设计

1. 楼梯的无障碍设计

在公共空间中，楼梯的无障碍设计应符合下列规定。

① 公共建筑楼梯宜采用直线形楼梯。

② 公共建筑楼梯的踏步宽度不应小于280 mm，踏步高度不应大于160 mm。

③ 楼梯不应采用无踢面和直角形边缘突出的踏步。

④ 楼梯宜在两侧均设置扶手。

⑤ 若采用栏杆式楼梯，在栏杆下方宜设置安全阻挡措施。

⑥ 楼梯踏面应平整防滑（可在踏面前缘设置防滑条）。

⑦ 距踏步起点和终点250～300 mm处宜设置提示盲道。

⑧ 楼梯踏面和踢面的颜色宜有区分和对比。

⑨ 楼梯上行及下行的第一阶宜在颜色或材质上与平台有明显区别。

2. 台阶的无障碍设计

在公共空间中，楼梯台阶的无障碍设计应符合下列规定。

① 公共建筑的室外台阶踏步宽度不宜小于300 mm，踏步高度不宜大于150 mm，且不应小于100 mm。

② 踏步材料应使用防滑材料。

③ 三级及三级以上的台阶应在两侧设置扶手。

④ 台阶上行及下行的第一阶宜在颜色或材质上与平台有明显区别。

（二）电梯、平台的无障碍设计

1. 电梯侯梯厅的无障碍设计（见图7-9）

在公共空间中，电梯侯梯厅的无障碍设计应符合下列规定。

① 侯梯厅深度不宜小于1 500 mm，公共建筑及设置病床梯的侯梯厅深度不宜小于1 800 mm。

② 电梯呼叫按钮高度在900～1 100 mm范围内为宜。

③ 电梯门的净宽度不宜小于900 mm。

④ 电梯出入口处宜设置提示盲道。

⑤ 电梯侯梯厅应设置电梯运行显示装置和抵达音响。

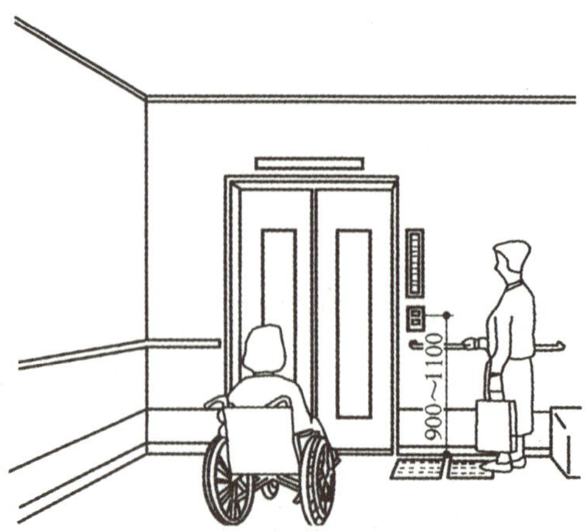

图7-9　侯梯厅（单位：mm）

2. 电梯轿厢的无障碍设计

在公共空间中，电梯轿厢的无障碍设计应符合下列规定。

① 电梯轿厢门开启的净宽度不应小于800 mm。

② 应在电梯轿厢侧壁高900～1 100 mm范围内设置盲文选层按钮。

③ 电梯轿厢的三面墙壁上应设置高在850～900 mm范围内的扶手，以便乘梯者使用。

④ 电梯轿厢内应设置电梯运行显示装置和报层音响。

⑤ 电梯轿厢正面高900 mm处至顶部应安装镜子或采用有镜面效果的材料。

⑥ 电梯轿厢的规格应依据建筑性质和使用要求的不同而选用。最小规格为深度不应小于1 400 mm，宽度不应小于1 100 mm；中型规格为深度不应小于1 600 mm，宽度不应小于1 400 mm。此外，医疗建筑与老人建筑宜选用病床专用电梯。

⑦ 电梯位置应设置无障碍标志。

课堂互动

电梯轿厢内，为什么要设置镜子？

3. 升降平台的无障碍设计

在公共空间中，升降平台的无障碍设计应符合下列规定。

① 通常，升降平台只适用于场地有限的改造工程。

② 垂直升降平台的深度不应小于1 200 mm，宽度不应小于900 mm，且应设置扶手、挡板及呼叫控制按钮。

③ 垂直升降平台的基坑应采用防止误入的安全防护措施。

④ 垂直升降平台的传送装置应有可靠的安全防护装置。

⑤ 斜向升降平台宽度不应小于900 mm，深度不应小于1 000 mm，且应设置扶手和挡板。

无障碍设计：
台阶变电梯

五、扶手的无障碍设计

在公共空间内，扶手的无障碍设置应符合以下规定。

① 无障碍单层扶手的高度应为850～900 mm；无障碍双层扶手的上层扶手高度应为850～900 mm，下层扶手高度应为650～700 mm。

② 扶手应保持连贯，靠墙面扶手的起点和终点处应水平延伸不小于300 mm的长度（见图7-10）。

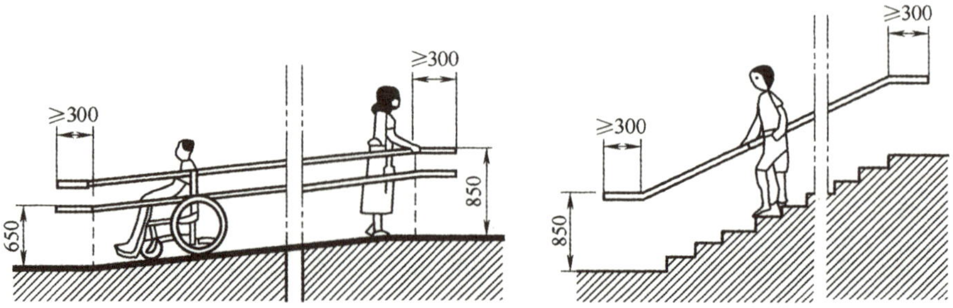

图7-10　扶手的高度（单位：mm）

③ 扶手末端应向内拐到墙面或向下延伸不小于100 mm的长度，栏杆式扶手应向下成弧形或延伸到地面上固定（见图7-11）。

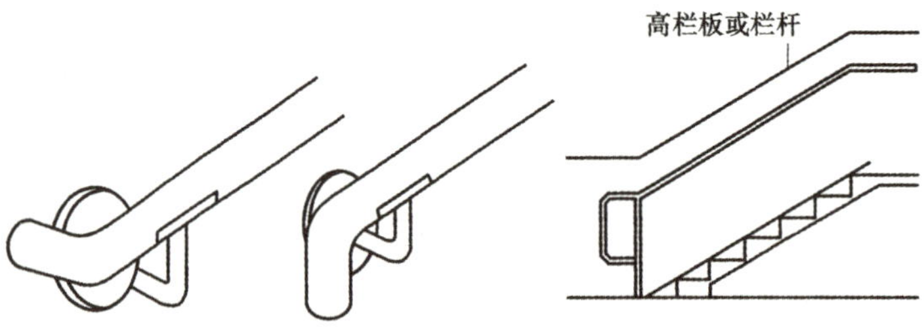

图7-11　拐到墙面或向下的扶手

④ 扶手内侧与墙面的距离不应小于40 mm。

⑤ 扶手应安装坚固，且形状应易于抓握。圆形扶手的直径应为35～50 mm，矩形扶手的截面尺寸应为35～50 mm。

⑥ 扶手的材质宜选用防滑、热惰性指标较好的材料。

第三节

人体工程学与住宅空间无障碍设计

住宅空间无障碍设计是指为行为障碍者（如老年人、残疾人）及为一切可能需要使用无障碍设备的人们提供相应的保障和安全便捷的设备，以打造舒适安全的居住空间环境。

一、住宅空间无障碍设计的原则

（一）无障碍性

在进行无障碍设计时一定要从具体实际出发，有针对地进行住宅空间的无障碍设计。有条件时应当将一些毫无必要的设计都去除掉，进而打造出一个简单且便于清洁的居住空间，以此来方便残疾人、老年人的室内活动，不断提升其在住宅内居住的舒适性，确保残疾人、老年人能够在简洁的空间内实现生活的自理。

（二）安全性

在我们日常生活的居住空间内，很多极为普通且安全的物品却可能成为危及残疾人、老年人的危险物。因此，设计师必须设身处地从残疾人、老年人居住者的角度出发去思考问题，尽可能降低发生意外的风险，避免出现因无障碍设计安全性考虑不周而导致的危险事件。

（三）适用性

住宅空间无障碍设计还需考虑适用性。在进行住宅空间无障碍设计的过程中应当充分考虑障碍者的实际情况，尽量满足其基本需求，弥补其视觉、听觉、触觉等诸多方面的身体缺陷。相应地，还应大力开发适应这些残障人士特点的专用设备设施，以确保他们在居住空间环境中能够正常地使用室内各类生活设施，从而真正实现住宅空间的无障碍化。

二、住宅空间无障碍设计要点

在住宅空间内，其无障碍设计主要体现在以下几方面。

（一）住宅入口

在住宅空间中，住宅入口应设置在公共通道便捷且光线明亮的地段，同时户门外应有不小于1 500 mm×1 500 mm的轮椅活动面积。在开启户门把手侧的墙面宽度应达到450 mm（见图7-12），以便乘轮椅者靠近门时能将户门打开。同时，在户门开启后，其通行的净宽不应小于800 mm。

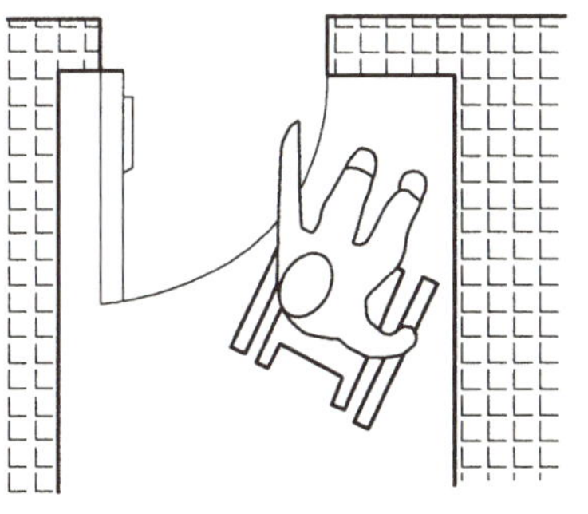

图7-12　门把手侧墙面的宽度

（二）住宅空间布置

根据居住人口、家具尺寸及轮椅活动空间的要求，残疾人居住空间内各类居室最小面积应略大于普通人的各种居室最小面积。例如，卧室短边净宽应由床的长度和柜的宽度再加上轮椅的活动空间来确定；起居室则要考虑轮椅通行、停留面积的需要。因此，一般起居室的面积应在16 m^2以上。

（三）厨房空间设计

暖心的无障碍设计

为方便乘轮椅者的通行，残疾人所使用的厨房面积应略大于普通家庭厨房面积，并以开敞式最佳。根据乘轮椅者进入厨房后再转出来所需的最小直径为1 500 mm，再加上厨房单排设备的一般宽度是500 mm，因此，单排厨房的净宽不应小于2 000 mm，双排厨房的净宽不应小于2 500 mm。

厨房台面的高度在距地面750～800 mm范围内时，乘轮椅者和可立姿的残疾人都可使用。同时，为方便乘轮椅者的操作，厨房的操作台和洗涤池下方空间最小宽度不应小于700 mm，最小高度不应小于600 mm，最小深度不应小于250 mm。

此外，主操作台面的底面建议设置可抽出的、在座席高度可使用的搁板，以供乘轮椅者作为搅拌和切割操作的工作面板。在主操作台两侧设置柜子时，宜采用有不同深度的抽屉或是抽出式竖向箱。同时，柜子底部宜高出底面200 mm，并悬挑出150 mm，以方便残疾人和老年人靠近案台。在案台上方安装吊柜时，吊柜底部距案台300 mm时，使用起来最为方便。

案例赏析

chopchop 厨房台面：细枝末节的贴心

洗菜、切菜、做饭，对残疾人而言是较为困难的，他们坐在轮椅上可能没法够得着台面，也可能完全无法单手切菜……德国设计师 Dirk Biotto从残疾人的角度，设计了一套专门供残疾人使用的厨房台面（见图7-13）。

该厨房台面可以根据使用者的需求进行定制。它采用的连锁钢管使得洗手台可以升高或降低，从而解决了残疾人坐在轮椅上无法够着台面的问题。此外，其穿孔背板可以随时调整各种厨房用具的摆放位置。

图7-13　chopchop 厨房台面

如图7-14所示，厨房台面的斜坡式设计可以方便残疾人将台面上的锅推进水槽（左），桌面的铡刀设计使之单手就可以完成刮水果、切蔬菜的任务，而右边角落能夹住瓶罐的小设计，也可以避免残疾人在拿取液体时发生翻倒。

图7-14　细部设计

（四）卫生间设计

残疾人居住空间内的卫生间最基本的配置有洗漱台、洗浴器、坐便器等。其最小面积应方便乘轮椅者进出，且应便于乘轮椅者靠近卫生洁具。

通常，轮椅座面高度为450 mm、500 mm，因此，卫生间应选用高450 mm的坐便器，以方便乘轮椅者进行转移。同时，为了协助残疾人转移和保持身体重心，在坐便器两侧需设置高度适中的水平安全抓杆（见图7-15）。此外，在坐便器的里侧还需设置高为1 400 mm的垂直安全拉杆，以协助拄拐杖的残疾人或老年人在起立时使用。

图7-15　卫生间无障碍设计

洗漱台高度通常为850 mm，且宜采用单杠杆水龙头。洗脸池底部距地面距离应不小于600 mm，否则不便于乘轮椅者靠近洗漱台并使用它。此外，也可在洗脸池两侧设置高度适中的水平抓杆，以方便残疾人或老年人使用。

在淋浴区，可设置折叠式淋浴凳，既方便残疾人或老年人使用，也节省空间，如图7-15所示。若采用浴缸式洗浴方式，应在浴缸内侧的墙面安装高600～900 mm两层水平安全抓杆，抓杆长度在800～1 000 mm范围内较为合适。

（五）室内通道设计

室内通道的设计应力求减少转折，使各功能空间分区明确，流线简捷清晰。其通道应便于乘轮椅者和拄拐杖残疾人通行，宽度不宜小于1 200 mm。同时，应在通道两侧墙壁高850 mm处安装扶手。

思考题

1. 简述道路的无障碍设计要点。
2. 简述电梯的无障碍设计要点。
3. 在住宅空间中，厨房的无障碍设计应注意哪些问题？

自信中国

细致关怀：2022北京冬残奥会的无障碍设计

无障碍环境建设是残障人士参与冬奥会的前提。北京2022年冬残奥会坚持“同步规划、同步实施”的原则，所有竞赛场馆均设置无障碍设施。其中，国家体育馆的无障碍设施均在原有的基础上进行了扩建，同时将最佳观赛坐席留给了残障人群，如图7-16所示。

国家体育馆在原有基础上对无障碍设施进行了整体提升。所有客梯均进行了无障碍改造，场馆内没有一处门槛，残障人士可从各个入口直达比赛场地及无障碍看台。馆内还增加了36个无障碍看台，因地制宜将看台突出，做成类似于阳台的样子，分散在各个场馆的入口处，让残障观众距离比赛场地更近，极大地提升观赛体验。此外，冬残奥会时，在运动员更衣室至比赛场地的通道上，全部铺上仿真冰板，并降低坡道的坡度，如此一来，运动员可以从更衣室滑入比赛场地，解决了运动员因场地变更而需要更换冰橇的不便。

图7-16 国家体育馆无障碍观赛平台

（资料来源：人民网http://bj.people.com.cn/n2/2021/0516/c14540-34727733.html，有改动。）